TRAITÉ

DE LA

CULTURE DU MURIER

ET DE

L'ÉDUCATION DES VERS A SOIE.

TRAITÉ

DE LA

CULTURE DU MURIER

ET DE

L'ÉDUCATION DES VERS A SOIE

PAR

PIERRE ANTELME,

PRATICIEN AGRICOLE, CHEVALIER DE LA LÉGION D'HONNEUR, VICE-PRÉSIDENT DE LA SOCIÉTÉ D'AGRICULTURE DU DÉPARTEMENT DE LA DROME, PRÉSIDENT DE LA COMMISSION DE STATISTIQUE DU CANTON DU BOURG-DU-PÉAGE, ET MEMBRE DE LA CHAMBRE CONSULTATIVE D'AGRICULTURE.

VALENCE,

IMPRIMERIE DE MARC-AUREL, ÉDITEUR.

1853.

TRAITÉ

DE LA

CULTURE DU MURIER

ET DE

L'ÉDUCATION DES VERS A SOIE

PAR

PIERRE ANTELME,

PRATICIEN AGRICOLE, CHEVALIER DE LA LÉGION D'HONNEUR, VICE-PRÉSIDENT DE LA SOCIÉTÉ D'AGRICULTURE DU DÉPARTEMENT DE LA DROME, PRÉSIDENT DE LA COMMISSION DE STATISTIQUE DU CANTON DU BOURG-DU-PÉAGE, ET MEMBRE DE LA CHAMBRE CONSULTATIVE D'AGRICULTURE.

VALENCE.

IMPRIMERIE DE MARC-AUREL, ÉDITEUR.

1853.

TRAITÉ

DE LA

CULTURE DU MURIER

ET DE

L'ÉDUCATION DES VERS A SOIE.

DU MURIER ET DE SA CULTURE.

Le mûrier, ce précieux végétal que les habitants des contrées méridionales ont reçu des mains de la divine Providence comme un dédommagement des mauvais produits de tout genre sur leur sol ingrat et aride, mérite de fixer spécialement l'attention de tous les agronomes méridionaux de l'Europe.

C'est dans la culture de cet arbre précieux que réside le bien-être des contrées méridionales ; plus instruites, elles trouveront dans le mûrier une source féconde de richesses solides.

397 — De la zone où croît le mûrier.

La zone sous laquelle peut se cultiver le mûrier est plus étendue qu'on ne le pense généralement. Cependant ce serait une erreur de croire que cette culture peut convenir aux sols froids des contrées septentrionales de l'Europe; elle convient à l'Italie, à la Grèce, à l'Espagne, à l'Algérie, et à tout le midi de la France jusqu'à Lyon; passé ce point, la culture du mûrier, bien que possible, ne sera jamais profitable. Sur la partie nord de la France, le mûrier végètera avec une très-grande force, peut-être même avec plus de force que dans le Midi; mais dans le Nord, l'arbre séricicole ne pourra jamais supporter longtemps de suite la cueillette annuelle de la feuille, parce que dans cette partie de la France, comme dans toutes les contrées plus au nord, la végétation est retardée au moins d'un mois sur celle du Midi, et le froid y arrive également un mois plus tôt. Or, deux mois de moins pour la végétation des nouvelles pousses les mettent dans l'impossibilité d'arriver à parfaite maturité avant les premiers froids de l'hiver; chacun sait que toute branche dont le bois n'est pas arrivé à sa complète maturité est détériorée par le froid, et souffre d'autant plus que le froid est plus intense. Ces atteintes, chaque année renouvelées, sont tellement contraires à la bonne végétation du mûrier dans le Nord, que la vie de l'arbre séricicole n'y sera jamais d'une longue durée.

Toute l'Amérique du Sud pourrait avec succès cultiver le mûrier dans ses parties tempérées; mais l'organisation politique de ce pays s'opposera encore longtemps à ce que l'industrie séricicole puisse s'y établir, parce que, d'un côté, la main d'œuvre est trop chère, et que, de l'autre, la bonne éducation des vers ne saurait être dirigée convenablement par l'esclave qui n'est jamais directement intéressé.

L'Asie, plus heureuse que l'Amérique, pourra toujours faire concurrence à l'Europe dans tout ce qui tient à l'industrie séricicole.

Les contrées septentrionales de la France, comme toutes les contrées du Nord, doivent renoncer à la culture du mûrier, et préférer à ces produits des produits plus convenables au climat, et plus profitables à la population. Lorsque le mûrier, dans le Nord, aura été dépouillé de sa feuille pendant trois à quatre années consécutives, il dépérira et mourra infailliblement sous les fâcheuses influences d'une cueillette successive plus prolongée. Si, pour éviter ce grave inconvénient, les contrées du Nord donnent une année de repos sur deux aux produits de cet arbre précieux, cette réserve pourra prolonger un peu son existence, mais non la prolonger indéfiniment. Encore, dans cette hypothèse, le Nord ne pourra plus soutenir la concurrence avec le Midi, parce que, d'une part, il ne pourra compter que sur la moitié des produits des contrées méridionales, et que, de l'autre, la culture du mûrier et l'éducation du ver à soie s'opposeront toujours à la culture en grand, qui est celle du Nord; et aussi parce que dans le Nord la plupart des travaux de grande culture s'exécutent à l'époque de l'éducation des vers à soie. Ces travaux simultanés doivent nécessairement les faire souffrir tous, ou bien il faudrait sacrifier les uns aux autres ; car quelque nombreux que puissent être les bras, quelque laborieux que soient les habitants, ils ne le seront jamais assez pour suffire à tous les soins de l'éducation des vers à soie, et aux travaux de grande culture.

Le Nord manquant de bras, forcé de ne cueillir la feuille que tous les deux ans, de renouveler ses plantations de mûriers toutes les dix à douze années, obligé peut-être de doubler le prix de la main-d'œuvre, sans pour cela pouvoir faire face à tous ses travaux, pourrait-il lutter avantageusement dans l'industrie séricicole avec les habitants des contrées méridionales, qui n'ont à redouter aucun de ces inconvénients?

Dans le Midi, le mûrier est toujours d'une assez longue durée et d'un assez bon produit pour payer largement les frais de culture ; le temps employé à l'éducation des vers à soie peut l'être sans que ces occupations détournent trop des autres travaux de la terre, parce qu'ils s'y font presque tous avant la fin de l'hiver ou au commencement du printemps, lorsque les vers à soie n'occupent point encore les bras. Le sol du Midi est donc naturellement la terre classique de l'industrie séricicole, et par conséquent du mûrier.

398 — De la culture du mûrier.

Le mûrier vient plus ou moins vite, s'élève plus ou moins haut, vit plus ou moins de temps, donne plus ou moins de produits, suivant le sol sur lequel il végète, les influences du climat, le sujet qui a été confié à la terre, la plantation plus ou moins bien dirigée, et les soins de culture plus ou moins convenables qui lui sont donnés; c'est de la bonne ou mauvaise exécution de ces travaux pratiques que naît la prospérité ou la ruine du mûrier.

Lorsqu'on plante un mûrier bien sain sur un bon sol et sous un climat convenable, qu'il reçoit tous les soins de plantation et de culture nécessaires, le planteur peut être à peu près assuré d'un succès complet; mais rarement l'arbre séricicole confié à la terre rencontre tous ces avantages réunis, ce qui n'empêche pas qu'il puisse donner d'assez bons produits sur tous les sols où le climat est convenable, bien que le sol soit de médiocre qualité, et même de mauvaise.

Les contrées qui produisent le plus de mûriers, celles où leurs produits présentent le plus d'avantages, ne sont pas généralement celles qui possèdent les meilleurs sols; il est souvent plus avantageux de cultiver le mûrier sur les sols de médiocre et même de mauvaise qualité, que de le cultiver sur les meilleures terres, parce que c'est là un moyen de rendre très-productif un sol ingrat, aride, peu propre à donner d'autres produits.

Le mûrier planté et cultivé avec soin sur un sol de mauvaise nature donne des produits, sinon supérieurs à ceux d'un bon sol, tout au moins bien plus prompts, parce que dans ces sortes de terrains ordinairement légers, lorque l'arbre a été planté avec soin dans une large excavation, qu'il a été fumé, que le mûrier a été tenu constamment en bonne culture, ses racines circulent avec facilité dans ce sol léger, remué et bien amendé. Sous l'influence de cette culture la végétation est belle, quelquefois tellement extrême, qu'elle use trop vite et l'humus de la terre et la vie du végétal. Rarement sur le sable le mûrier prolonge son existence au-delà de trente à trente-cinq ans; souvent sur cette nature de terrain il périt très-jeune; il arrive même quelquefois qu'il y périt subitement dans le meilleur état de santé, lorsqu'il présente la végétation la plus luxuriante.

Sur un sol compacte et tenace, la végétation du mûrier est très-lente; mais dès que l'arbre y est arrivé à un certain degré de force, on est assuré qu'il donnera de bons produits et qu'il aura une longue existence. Sur les terres fortes, le mûrier peut vivre en bon produit de soixante ans à un siècle; mais il n'est peut-être pas de sols qui conviennent mieux à l'arbre séricicole pour sa durée que les terrains caillouteux de moyenne tenacité, les grès rouges à couche végétale profonde; sur cette espèce de sol le mûrier réunit la durée au produit. J'ai vu des mûriers qui, à la vérité, n'avaient pas subi l'opération de la greffe, encore en très-bons produits, bien qu'ils eussent plus de deux siècles d'existence; ils avaient été plantés par les ordres de Sully. Cependant, sur ces espèces de terrains comme partout ailleurs, lorsque le mûrier est mal planté, mal cultivé, il arrivera difficilement à une vie moyenne de cinquante ans, bien qu'avec des soins on puisse prolonger l'existence d'un mûrier non greffé bien au-delà d'un siècle; nous disons non greffé, parce que le mûrier greffé n'arrivera jamais à cent ans, ou du moins cela arrivera bien rarement. Mais si le mûrier greffé vit moins que le sauvageon, il donnera toujours plus de feuilles en cent ans que n'en donnerait le sauvageon en deux siècles : aussi le mûrier greffé ne vécût-il que trente ans, il faudrait encore le préférer au sauvageon, qui donne annuellement peu de produit.

Pour en finir avec ces observations, nous dirons que la manière de planter le mûrier, de le cultiver et de traiter sa taille pendant sa jeunesse et sa vie est d'une telle importance, qu'elle doit tout particulièrement fixer l'attention des planteurs, car c'est de la bonne exécution de ces pratiques que viennent et la longue existence du mûrier et l'abondance de ses produits. Mais avant d'entrer dans de plus amples détails sur la plantation, la culture, la taille du mûrier, nous devons nous occuper des semis, et de la culture des pépinières devant fournir les sujets à planter à demeure.

399 — Du semis du mûrier.

Les sols sur lesquels doivent être faits les semis du mûrier seront préalablement défoncés à cinquante centimètres de profondeur; ces sols doivent être légers, bien menusés, et autant que possible n'avoir servi depuis longtemps à des semis ou plantations de mûriers, attendu que les restes cadavéreux du mûrier contribuent à vicier les jeunes sujets venant de semis.

Le sol préparé pour le semis sera fumé avec des engrais en parfaite décomposition, avec du terreau végétal employé en quantité raisonnable, vu que trop d'engrais ou des engrais trop substantiels activent trop la végétation des jeunes plantes, et les accoutument à un régime qu'elles ne trouveraient plus après la transplantation, inconvénient qui rendrait la végétation du sujet transplanté lente et languissante, et pourrait lui occasionner à la longue des maladies, et peut-être même la mort avant qu'il eût produit.

Le manque absolu d'engrais, ou même une trop petite quantité employée dans le sol où l'on doit ensemencer le mûrier, rend la végétation du semis trop lente. Le plant restant trop longtemps sur le sol de la pépinière avant le repiquage ne fournit plus un sujet aussi distingué ni aussi bon, et quelquefois même il arrive que la graine ne lève pas parce que le sol ensemencé manque de substances végétales. Il faut donc en cela, comme partout ailleurs, prendre un juste milieu, ne donner au semis du mûrier ni une trop grande ni une trop faible quantité d'engrais.

L'emplacement du semis une fois convenablement établi et bien préparé, on le divisera en planches de quarante centimètres de largeur, un peu bombées vers le centre, ayant soin de laisser entre deux planches un sentier devant servir de passage, pour faciliter la culture des jeunes plantes. A la fin d'avril ou au commencement de mai, on étendra sur les planches bien ameublies une assez grande quantité de graine de mûrier, qui aura préalablement macéré vingt-quatre heures dans l'eau, et qui aura été passée dans de la chaux pulvérisée ou dans l'engrais liquide; on la sèmera très-énergiquement; on couvrira ensuite légèrement le semis avec un mélange de terre légère et de terreau végétal bien décomposé : ce mélange de trois quarts terre et un quart terreau aura été préalablement passé à travers un tamis en treillis de fer.

Dès que la graine sera légèrement recouverte, on tassera le semis assez fortement avec le dos d'une pelle ou tout autre instrument, ayant soin toutefois de ne pas faire disparaître le dos d'âne des planches ensemencées. Le tassement se fait pour que la graine lève plus promptement et plus sûrement. Cette opération terminée, il sera bien d'étendre sur les planches une légère couche de fiente de cheval pulvérisée. Cette pratique a pour but d'empêcher que la pluie ne tasse trop fortement la surface du sol sur lequel repose le semis, et de protéger contre la trop grande ardeur du soleil la jeune plante, au moment de la levée.

Si avant la levée de la graine la sécheresse se fait sentir, il faudra de temps en temps arroser le semis. Les jeunes plantes venues de semis veulent également être arrosées, lorsque le sol manque d'humidité. Dès qu'une plante parasite paraît sur le semis, elle doit être soigneusement enlevée, rien n'étant plus préjudiciable soit à la levée de la graine, soit à la végétation des jeunes plants de mûrier, que les mauvaises herbes vivant à leurs dépens.

Lorsque les semis sont trop épais, il faut les éclaircir de manière qu'il reste toujours cinq à six centimètres entre les sujets, et les tenir dans un état continuel de culture. Les semis faits en avril ou au commencement de mai, lorsqu'ils auront été bien soignés, pourront au mois d'avril suivant être transplantés en pépinières.

400 — Établissement des pépinières.

Les pépinières, comme les semis, doivent être faites sur un sol léger, sur lequel, autant que possible, le mûrier n'ait pas été cultivé ou du moins ne l'ait pas été depuis longtemps. Cette régle doit être encore plus rigoureusement observée pour la pépinière que pour le semis.

Le sol sur lequel doit être placée la pépinière ne doit être défoncé qu'à quarante ou quarante-cinq centimètres de profondeur au plus. Un défoncement plus profond serait plus nuisible qu'utile aux sujets, parce que les racines, pénétrant dans un sol profondément ameubli, deviennent difficiles à sortir de terre, lorsqu'il faut arracher le sujet pour le transplanter à demeure. Les ouvriers, assez maladroits de leur naturel, ne voulant pas d'ailleurs se donner trop de peine, ne découvrent jamais les racines jusqu'à leurs extrémités, lorsqu'elles sont profondément enfoncées; alors ils les rompent, ils les déchirent, leur font, pour les arracher, des cicatrices, des plaies, qui nuisent beaucoup à la bonne végétation des sujets transplantés, et à leurs produits à venir. Tout sujet qui a été ainsi mutilé avant la transplantation ne vivra pas longtemps, si l'on n'a pas eu l'attention d'enlever toutes les déchirures des plaies avec un instrument bien tranchant, ce qui est souvent impossible, parce que les racines sont endommagées jusqu'au collet. Dans les plantations, tous les sujets trop fortement lacérés doivent être rebutés.

Dans la culture du mûrier, l'arrachis du sujet à planter doit fixer tout particulièrement l'attention du planteur. Les plants qui sont destinés à former une pépinière de mûriers doivent également être arrachés avec soin, ce qui sera toujours facile lorsque le sol sur lequel a été fait le semis est léger et humide, attendu que la racine pivotante d'un jeune plant est fournie de peu de radicules ou de racines traçantes. Il ne s'agit donc ici que de ne pas endommager le pivot trop près du collet, vu que le pivot doit être raccourci avant la plantation en pépinières. Lorsqu'on veut arracher les plants de mûriers et que le sol est trop sec, il faut alors arroser profondément un jour à l'avance, pour en faciliter l'arrachage.

Le sol à planter en pépinière doit être fumé assez

énergiquement sur toute l'étendue de l'épaisseur de la couche défoncée, pour que la jeune plante puisse pousser des racines radicules ou traçantes nécessaires pour former un sujet propre à la transplantation. L'engrais le plus convenable à cet effet est le bon terreau végétal, parce qu'il se mélange facilement avec la terre et lui imprime un sentiment de végétation prompt sur toute l'étendue de la couche, sans que pour cela la végétation soit trop forte.

Les sujets se plantent au cordeau, à l'aide d'un piquant. Dans cette plantation, on doit avoir le plus grand soin de n'enterrer le sujet que jusqu'au collet des racines, jusqu'à la partie qui sépare les racines de la tige.

Les plantes qui servent à peupler une pépinière doivent, autant que possible, n'avoir qu'une année de semis et être de belle venue. En les plantant, on aura soin de les placer en quinconce, à cinquante ou cinquante-cinq centimètres les uns des autres, sur un sol bien ameubli, bien nivelé et suffisamment fumé, parce que l'engrais facilite la reprise du sujet, contribue à faire pousser les nombreuses racines traçantes nécessaires aux sujets à transplanter et à les rendre plus vigoureux.

Comme nous l'avons déjà dit, les jeunes plantes devant peupler la pépinière seront mises en terre à l'aide d'un piquant en bois, semblable à ceux dont on se sert pour planter la salade et les choux, après avoir toutefois retranché une partie du pivot avec un instrument bien tranchant. Il est bien de tremper les sujets à repiquer dans l'engrais liquide.

La pépinière doit être tenue constamment dans le meilleur état de culture : jamais une plante d'herbe ne doit séjourner dessus : l'herbe vit aux dépens des jeunes mûriers, à la végétation desquels elle nuit promptement et grandement.

401 — Du recepage des sujets en pépinière.

Lorsque les plantes qui forment la pépinière ont poussé à une certaine hauteur, il faut songer à les receper. Le recepage se fait ordinairement la deuxième année après le repiquage. Ceux qui ne veulent pas receper, c'est-à-dire couper la plante par le pied, doivent, dès la première année, soigner les jeunes sujets pour former la tige aussi droite que possible ; pour cela on a soin de ne laisser qu'une seule branche ou tige sur la plante, de la débarrasser des pousses latérales, inutiles et trop abondantes, qui se trouvent dans le bas de la tige; ce traitement force la sève à remonter vers les extrémités de la plante, offrant une tige plus ou moins droite. Cette opération mérite quelque attention, car si l'on retranchait de suite toutes les branchilles ou pousses basses qui doivent maintenir la sève dans le bas de la tige, cette tige s'élèverait grêle et sans force, comme une plante qui s'étiole : il ne faut donc retrancher que les pousses ou branchilles trop gourmandes ; encore ne doit-on le faire que successivement et à mesure que le besoin se fait sentir : ce n'est que lorsque la tige est arrivée au degré de force nécessaire que toutes les branches latérales doivent être retranchées jusqu'à la partie qui forme la tête de l'arbre.

Les jeunes arbres ainsi élevés sont les meilleurs pour la transplantation; mais la tige du sujet n'est jamais aussi belle que celle d'un arbre qui a été recepé et dont la pousse s'est faite tout d'un seul jet. Ceux donc qui tiennent à avoir de belles tiges d'un seul jet doivent, dès la deuxième ou troisième année, suivant la force de la végétation, couper les tiges de la jeune plante de la pépinière près du collet, de manière à ce qu'il reste à chacune d'elles deux yeux pouvant pousser deux ou trois jets. Ce travail se fait à la fin de l'hiver, avant l'ascension de la sève.

Dès que le printemps arrive, la partie qui reste à l'arbre coupé pousse par les quelques yeux que l'on a eu soin de laisser à la surface de la terre ; lorsque ces pousses ont acquis dix à douze centimètres de hauteur, on ne doit plus laisser sur la plante que la pousse la plus vigoureuse et la mieux placée dans le sens vertical, et retrancher toutes les autres. Cette tige, bien cultivée et bien tenue, abondamment pourvue de sève, végétera avec vigueur verticalement, de manière à s'élever dès la première année à plus de deux mètres de hauteur. On ne doit pas se hâter trop d'en retrancher les pousses ou branchilles latérales, si l'on veut que cette tige prenne de la force : les pousses latérales maintiennent la sève également répartie dans tout le corps de l'arbre, ce qui est nécessaire à la bonne constitution du sujet ; mais dès que la tige est assez forte pour soutenir sa tête sans plier, on peut alors sans crainte retrancher les pousses ou branchilles les plus basses, et successivement toutes celles qui couvrent la tige, et finir par ne laisser que celles qui en forment la cime ou la tête. Dès que le jeune arbre s'est élevé à la hauteur de deux mètres, si l'on ne juge pas que sa tige soit assez forte on laisse de nouveau croître les pousses latérales, que l'on ne coupe qu'après l'hiver, parce que pendant la saison froide ces pousses renforcent la tige. Au mois de mars suivant, on coupe toutes les pousses latérales et on racourcit les jeunes sujets qui se seraient élevés au-dessus de deux mètres, attendu que les plus élevés ne sont pas les meilleurs, parce que plus la sève a d'espace à parcourir dans la tige pour arriver aux branches qui forment la tête de l'arbre, moins la végétation est belle et productive. L'hiver, avant le recepage, il faut fumer la pépinière, pour que la plante recepée puisse fournir de nouvelles pousses vigoureuses.

La quatrième année est celle qui est destinée à la formation complète des jeunes sujets. Il faut, cette année comme pendant les autres, tenir les plantes dans le meilleur état de culture et tenir les tiges des jeunes arbres soigneusement ébourgeonnées. Lorsque les pépinières auront été traitées pendant quatre années consécutives comme nous venons de le prescrire, lors même qu'elles seraient placées sur un mauvais sol, les sujets seront assez forts pour être transplantés au commencement de la cinquième année.

402 — De la plantation du mûrier.

Les sujets de cinq années sont ceux qui présentent le plus de chances de succès pour la transplantation : plus jeunes, ils sont trop faibles; plus vieux, ils réussissent moins bien. Le jeune sujet de cinq ans, vigoureux et bien raciné, est toujours celui qui prospère le mieux.

Rien n'influe autant sur la longue existence du mûrier, sur sa plus ou moins grande production, qu'une plantation bien ou mal faite. Un mûrier bien planté et bien traité dès les premières années de sa vie, et dont la feuille n'aura pas été cueillie pendant les cinq premières années de sa plantation, dès la sixième commencera à produire passablement, et ses produits iront toujours sensiblement croissant, à mesure qu'il avancera en âge, au point de tiercer chaque année, jusqu'à ce que l'arbre soit arrivé à son entier développement.

Lorsque au contraire on plante, on cultive mal le mûrier, lorsqu'on cueille sa feuille dès les premières années de sa vie et qu'on le taille immédiatement après la cueillette, l'arbre reste stationnaire pour ses produits, souvent même il rétrograde et périt.

Le mûrier qui a été mal planté, mal cultivé, végète péniblement pendant dix à douze années sans donner des produits appréciables; au bout de ce laps de temps, il arrive quelquefois qu'il se fait chez lui une crise avantageuse : il commence à végéter plus fort, pour devenir un jour un arbre robuste; mais le plus souvent, il reste durant sa vie chétif, rabougri : c'est là ce qui arrive ordinairement lorsqu'il est mal planté sur un mauvais sol, où l'on néglige de le cultiver; dans ce cas, ses produits sont toujours à peu près nuls jusqu'à la fin de sa vie.

Le mûrier ne sera réputé bien planté, que lorsqu'il l'aura été comme nous allons l'indiquer.

403 — Plantation à demeure du mûrier.

Le fossé ou le trou dans lequel doit être planté le mûrier doit avoir de deux mètres cinquante centimètres à trois mètres de diamètre sur quatre-vingts centimètres au moins de profondeur, en outre d'une forte piquée au fond de l'excavation; on comblera ensuite le fossé avec un mélange fait de la terre des déblais de l'excavation et d'une certaine quantité d'engrais, jusqu'à ce que l'excavation ne présente plus que trente à trente-cinq centimètres de profondeur; au centre de cette excavation on formera un petit monticule, sur lequel on placera les racines du sujet à planter, les dirigeant du haut du monticule vers le centre de la terre. Les racines ainsi placées seront recouvertes avec de la terre bien menusée, plutôt sèche que trop humide, pour que cette terre puisse bien environner et serrer les racines; ensuite on achèvera de combler le trou avec le reste de la terre de l'excavation, sans engrais, de manière à ce que les racines soient enterrées jusqu'au collet de l'arbre; rien ne contribue plus à la prompte et bonne végétation des sujets à planter que de tremper leurs racines dans l'engrais liquide.

Nous ferons remarquer ici qu'il ne faut jamais mettre les engrais sur les racines, ni même autour d'elles; elles doivent être recouvertes avec la terre du déblai, sans mélange d'aucun engrais, le seul fumier qui doive être placé sur les racines est l'engrais liquide. On procède ainsi pour forcer les racines à aller chercher au-dessous d'elles la terre remuée et les substances fécondantes qui y ont été mélangées. On concevra facilement que par cette manière de procéder les racines sont forcées de pivoter, de pousser vers le centre de la terre; or, toute plante qui tient à de profondes racines se fera toujours remarquer par sa belle végétation et donnera toujours de bons produits; et bien que les racines tendent à s'enfoncer au sein de la terre, elles ne sont pas pour cela soustraites aux bienfaisantes influences du soleil, puisque dès leur jeune âge, époque à laquelle les influences atmosphériques leur sont le plus nécessaires, elles ont été placées en plantant l'arbre à la surface de la terre.

Les choses se passeraient bien autrement si les racines de la jeune plante, au lieu d'avoir été placées sur une couche profondément remuée et fumée, l'eussent été sur le sol dur et non remué du fond du fossé, et cela à soixante-dix ou quatre-vingts centimètres de profondeur, les engrais placés sur les racines, après avoir jeté dessus quelques pellées de terre, le tout recouvert de la terre des déblais jusqu'à hauteur de la surface du sol, comme cela se pratique assez ordinairement. Dans ce cas, on concevra aisément qu'il est impossible que les racines pivotent, ni même s'enfoncent le moins du monde, puisqu'elles ont été placées sur une couche dure, impénétrable. Dans cette fâcheuse position, les racines ne pouvant pénétrer la terre au-dessous d'elles, sont forcées de remonter vers la surface du sol, pour profiter de l'engrais, de la terre remuée et des influences atmosphériques, le tout se trouvant au-dessus d'elles. Or, nous savons que dans l'ordre naturel, si les branches doivent s'élever vers le ciel, les racines d'un arbre doivent se diriger vers le centre de la terre. Ce n'est pas ce qui arrive dans ce cas, puisque les racines suivent la même direction que les branches; ici, comme on le voit, la constitution physique de l'arbre est contre nature : or tout arbre comme tout être qui pêche par défaut de constitution ne sera jamais d'une longue durée ni d'un grand produit.

Toutes les fois que les racines s'enfoncent et pénètrent dans le sol, elles y trouvent l'humidité et la nourriture nécessaires à la prospérité de l'arbre; toutes les fois au contraire qu'elles sont forcées de remonter à la surface pour y trouver leur nourriture, elles rencontrent un soleil ardent qui les dessèche et finit par les détruire. L'arbre que de telles racines soutiennent végètera faiblement pendant quelques années, mais sa vie ne sera jamais ni longue ni productive. Les racines ramenées à la surface présentent encore l'inconvénient de rester trop en prise au soc de la charrue, qui les déchire lors des labours de façon; nous pourrions citer bien d'autres inconvénients que les racines n'ont point à redouter lorsqn'elles ont pivoté dans leur jeune âge.

Les plaies faites aux racines par la charrue occasionnent au mûrier des maladies dont il finit toujours par périr. Le mûrier a encore beaucoup à souffrir du peu de soins généralement apportés dans certaines pratiques ayant rapport à sa plantation et à sa culture. La routine a un tel empire sur ce point chez les praticiens ordinaires, que ce n'est qu'avec peine et en faisant des concessions à mes gens que je suis parvenu à leur faire planter du mûrier comme je le désirais. Pour obtenir d'eux que mes mûriers fussent plantés et cultivés d'après les bonnes méthodes, j'ai été souvent forcé de les autoriser à en planter un certain nombre comme ils le jugeraient convenable. Une année je fis une plantation de quatre cents pieds d'arbres, dont trois cent quatre-vingt-dix furent plantés sous ma direction, et dix à la volonté de mes gens. Après cinq ans de plantation, pas un des trois cent quatre-vingt-dix n'avait manqué, et tous végétaient avec la plus grande force; sur les dix plantés par mes gens, le plus grand nombre avaient péri. Ceux qui avaient résisté végétaient faiblement et leurs produits étaient à peu près nuls.

Après cette dernière épreuve et bien d'autres faites antérieurement, je restai bien convaincu que tout arbre mal planté et trop profondément enfoncé dans la terre doit être arraché pour être remplacé par un autre planté plus rationnellement.

Il est si vrai que le mûrier veut être planté avec soin et connaissance de cause, qu'aussi longtemps que j'ai planté comme le commun des planteurs, je n'ai eu à constater que des résultats faibles, incertains et souvent nuls, attendu que le sol sur lequel je plante le mûrier est extrêmement ingrat. Bien que je plante toujours sur le même sol, depuis que j'emploie des procédés plus rationnels, ceux que je viens d'indiquer, mes plantations sont d'une belle venue et d'un bon produit. Là, comme partout ailleurs, la nature revendique ses droits; chaque chose ne peut prospérer que dans la matrice qui lui est propre : vouloir la placer dans un autre, c'est faire de vains efforts pour n'arriver qu'à des mécomptes et à des déceptions.

Bien planter, c'est fournir au sujet que l'on confie à la terre une matrice dans laquelle il doit trouver le degré de chaleur, d'humidité, et la quantité d'humus nécessaire à sa bonne végétation. Les premiers soins à donner aux mûriers sont d'abord ceux de la plantation, qui ne doivent rien laisser à désirer ; viennent ensuite ceux de la bonne culture, dont le besoin se fait sentir pendant tout le cours de la vie du végétal.

404 — Manière de traiter le mûrier, greffé ou non-greffé.

Lorsque le mûrier a été planté greffé, ses branches doivent être raccourcies dès le commencement de la deuxième année, avant l'ascension de la sève ; elles doivent l'être de manière à ne conserver aux parties restantes des branches que deux ou trois yeux. On doit en même temps retrancher entièrement toutes les branches ou pousses qui ne sont pas nécessaires pour former la tête de l'arbre. Si, au contraire, le sujet a été planté non-greffé, et qu'il ait poussé la première année des branches assez fortes pour supporter la greffe, ce qui arrivera toutes les fois que le sujet aura été convenablement planté, il faudra alors procéder à l'opération de la greffe. La renvoyer à une deuxième année est perdre un temps précieux, et peut-être même l'arbre. Cependant on sera obligé d'attendre le commencement de la troisième année lorsqu'au commencement de la deuxième les branches ou pousses ne seront point assez fortes pour supporter la greffe : dans ce cas, il faudra couper les pousses ou branches ; mais elles ne devront être coupées qu'après la cueillette de la feuille, dans la crainte qu'en les coupant trop tôt les nouvelles pousses ne soient arrivées à un trop haut degré de force à l'époque de la greffe de la troisième année.

En général, plus on renvoie l'opération de la greffe, plus on éloigne les produits et plus on s'expose à la non réussite de le greffe et à la perte de l'arbre.

405 — De la greffe du mûrier.

La greffe s'effectue au sifflet ou à l'écusson : la greffe au sifflet est plus usitée et plus sûre ; elle consiste à couper la branche du sujet à greffer au point où l'on veut placer la greffe et à débarrasser cette branche de son écorce, d'une longueur un peu plus grande que celle du sifflet. Cette partie dépouillée de son écorce doit être parfaitement lisse, ne présenter ni boutons, ni calus ; l'écorce doit être soigneusement enlevée et divisée pour plus de facilité en trois ou quatre parties : c'est sur la partie mise à nu de la branche que doit être placé le sifflet ; il doit parfaitement la recouvrir et lui être adhérent autant que possible. Le sifflet une fois introduit, on rabattra un peu dessus l'épiderme de la partie de la branche mise à nu : on procède ainsi pour consolider le sifflet, et pour empêcher que rien ne s'introduise entre les deux épidermes de la branche mise à nu et de l'intérieur du sifflet, dont l'adhérence parfaite doit être presque spontanée, ce qui arrive ordinairement lorsque l'opération de la greffe a été bien exécutée et qu'elle a été faite en temps opportun.

La greffe à l'écusson est très-facile à mettre en pratique : il s'agit, pour l'exécuter, de fendre verticalement et horizontalement la peau de la branche que l'on veut greffer, de manière à former une croix dont le croison de dessus manque ; soulever cette peau ou écorce à l'aide d'un greffoir, pour introduire dessous l'écusson ou morceau d'écorce d'un mûrier greffé, ayant environ quarante millimètres de longueur sur vingt-cinq millimètres de largeur, présentant vers sa partie supérieure, la partie la plus large, un œilleton de bonne végétation. La greffe une fois placée, la recouvrir avec l'écorce de la branche greffée; réunir et lier le tout ensemble avec un lien quelconque, pour donner aux deux parties superposées autant d'adhérence que possible, l'œilleton devant rester parfaitement à découvert : tout cela doit se faire promptement, avec adresse et précision, pour que la greffe n'ait pas le temps de se dessécher, ce qui nuirait à l'opération et pourrait la rendre nulle.

406 — Observations sur la greffe à l'écusson et au sifflet.

Lorsqu'on exécute la greffe à l'écusson, il faut bien se garder de couper toutes les branches de l'arbre greffé, dans la crainte que la surabondance de la sève n'étouffe la greffe; ce n'est que lorsque cette greffe est bien prise que l'on coupera toutes les branches. Lorsque la greffe s'exécute à la sève du mois d'août, les branches laissées sur l'arbre greffé ne doivent se couper qu'après l'hiver; on ne doit jamais non plus couper le jet d'une greffe quelconque, que lorsqu'il est fortement constitué et que le bois est en parfaite maturité. La greffe, de quelque espèce qu'elle puisse être, doit être faite en temps opportun, lorsque le printemps ramène une abondante sève dans toutes les parties de l'arbre à greffer, ou bien encore à la sève du mois d'août.

La réussite de la greffe est toujours plus assurée lorsqu'elle est exécutée tôt, que tard. Dès les premiers beaux jours après l'ascension de la sève, on doit se hâter de greffer ; c'est toujours par un temps chaud et serein qu'il faut procéder aux travaux de la greffe, plutôt lorsque règne le vent du nord que celui du midi; le temps brumeux, le moment d'une légère pluie, un temps froid, ne conviennent nullement à l'exécution de la greffe ; le froid et la pluie sont ses plus cruels ennemis.

L'importance de la réussite de la greffe est telle que souvent un mûrier dont la greffe a été manquée est un arbre perdu, surtout s'il a été ébourgeonné trop tôt, pour faciliter la pousse de la greffe ; cette pratique ne devrait avoir lieu que lorsqu'on est bien assuré de la bonne végétation de la greffe ; manquer la greffe a tout au moins l'inconvénient de retarder beaucoup les produits du mûrier.

Bien que l'on puisse greffer toutes les fois que l'arbre est en sève, le mois d'avril est cependant l'époque la plus convenable pour l'opération de la greffe. De quelque manière qu'ait été greffé un mûrier au printemps précédent, on doit, à l'arrivée du printemps nouveau, couper la plus grande partie de la pousse venue de la greffe, de manière à ne lui laisser que deux ou trois yeux pour former la tête de l'arbre.

407 — DE LA TAILLE DU MURIER.

Les auteurs et les praticiens sont généralement peu d'accord sur la taille du mûrier : les uns veulent le tailler chaque année, les autres veulent que ce soit à des époques périodiques, d'autres enfin prétendent qu'il ne doit pas être taillé du tout. Il en ést qui veulent le tailler très-court, d'autres qui ne veulent que raccourcir très-légèrement les branches. Nous croyons, nous, que le mûrier veut être taillé toutes les fois que le besoin s'en fait sentir, mais jamais par caprice, ni pour lui donner une belle forme, ni même pour rendre la cueillette de sa feuille plus facile; nous croyons également que le plus souvent on doit se contenter, pour toute taille, de retrancher les branches mortes et celles qui chargent inutilement l'arbre.

Une taille complète trop souvent renouvelée épuise l'arbre et diminue singulièrement ses produits, tout en abrégeant sa vie : ce ne doit donc être que rarement, et seulement lorsque la nécessité le commande, que l'on doit procéder à la taille complète du mûrier. L'année que l'on taille complètement le mûrier, il faut le fumer pendant l'hiver qui précède la taille, ou l'hiver suivant.

Pour la taille annuelle du mûrier, on doit se borner à retrancher les branches ou branchilles qui obstruent l'intérieur de la tête de l'arbre, ainsi que les branches mortes et languissantes, les branches chiffonnes et gourmandes, en un mot toutes celles qui peuvent nuire à la bonne végétation du mûrier.

408 — Taille complète.

La nature indique le moment où le mûrier doit recevoir une taille complète : c'est ordinairement lorsque l'arbre végète faiblement, lorsqu'il devient languissant, lorsqu'il a beaucoup de branches mortes, et aussi lorsque ses branches s'élèvent trop haut : alors seulement on doit exécuter la taille complète. Il est toujours mieux de procéder à cette taille au printemps, avant la cueillette de la feuille, que de l'exécuter immédiatement après que la feuille a été ramassée. Le mûrier taillé à cette époque pousse des branches plus vigoureuses, et a plus de temps pour s'établir avant l'hiver; cependant, dans les contrées chaudes, on peut également obtenir de bons résultats en taillant après la cueillette de la feuille; seulement, dans ce cas, il faut avoir soin de ramasser la feuille d'aussi bonne heure que possible. Il serait bien aussi de fumer l'arbre pendant le cours de l'hiver précédent ou suivant, surtout lorsque la taille doit avoir lieu immédiatement après la cueillette de la feuille.

Lorsque le mûrier a été taillé court, soit avant, soit après la cueillette de la feuille, et qu'il a fourni beaucoup de branches, il faut avoir soin, au mois de septembre suivant, d'en retrancher la surabondance, et d'arrêter un peu les branches qui gourmandent l'arbre en s'élevant trop promptement; cette taille ne peut avoir lieu que sur les sols qui fournissent une végétation extrême. Sous un climat chaud, lorsque cet émondage n'aura pas été fait à la fin d'août ou au commencement de septembre, il ne faudra pas manquer de l'exécuter au printemps, après la cueillette de la feuille.

Manquer à cette pratique essentielle, c'est nuire grandement aux produits et s'exposer à épuiser très-promptement l'arbre. En retranchant les branches superflues, on donne de la force à celles qui restent; en raccourcissant celles qui s'élèvent trop, on les force à pousser des bourgeons sur toute leur étendue, par conséquent à fournir l'arbre d'une grande quantité de feuilles. C'est également au mois d'août que l'on doit faire disparaître les chicots qui se trouvent au bout des branches qui ont été mal taillées.

Observations.

Ainsi donc, aussi longtemps que le mûrier conserve une grande force de végétation, la seule taille qui lui convienne est l'émondage ; la taille complète renouvelée chaque année enlève à l'arbre séricicole une grande partie de son produit annuel et le ruine en peu d'années.

Un mûrier rarement taillé, mais bien soigné d'ailleurs, donnera plus de feuille en vingt ans, que n'en donnera un mûrier taillé chaque année en quarante, si toutefois il arrive à cet âge ; car, comme nous venons de le dire, la taille complète trop souvent répété use promptement la vie du mûrier. La taille complète est quelquefois nécessaire pour ranimer un vieux mûrier languissant ; elle est encore avantageusement employée sur un mûrier que fluerait une humeur visqueuse, sur un arbre attaqué du chancre, maladie souvent occasionnée par trop de santé. Au moyen d'une taille très-raccourcie, j'ai souvent prolongé de plusieurs années la vie d'un vieux mûrier, qui aurait infailliblement péri s'il n'eût pas été taillé ; j'en ai même rappelé à la vie qui auraient succombé dans l'année et même dans peu de jours : cependant je dois avouer que mes essais n'ont pas toujours été couronnés d'un plein succès, surtout lorsque le remède a été apporté trop tard.

409 — Des maladies du mûrier.

En général, le mûrier malade se guérit difficilement; et mieux vaut, par des soins de bonne culture, prévenir les maladies que de chercher à les guérir. Le plus souvent la maladie et la mort du mûrier ont pour cause la négligence de celui qui le cultive; la mauvaise culture, le peu de soins que l'on donne à la taille, les faux coups de serpette ou d'instruments tranchants quelconques, la mauvaise plantation, influent plus qu'on ne le pense sur la santé et la vie de l'arbre séricicole.

410 — Du savoir du tailleur de mûriers.

Le tailleur de mûriers et de tous les arbres en général doit avoir une grande habitude du maniement de la serpette et des autres instruments tranchants nécessaires à la taille; la plaie d'amputation doit être bien nette et légèrement en biseau, ne détacher ni endommager nullement l'écorce de la partie coupée, ni fendre aucunement le bois.

Le savoir-faire du tailleur d'arbres ne doit pas se borner à bien employer son instrument tranchant, bien que ce soit là un point fort important pour la taille : il doit encore connaître le point où il faut couper la branche pour qu'elle repousse à l'extrémité coupée, et éviter ainsi les calus ou chicots que l'on rencontre à l'extrémité des branches coupées par les mauvais tailleurs d'arbres. Le bon tailleur doit bien connaître l'œil qui ne peut manquer de repousser; celui qui se trouve sur du bois trop jeune et non encore fait poussera bien rarement :

c'est donc près de l'œilleton d'un bois parfaitement fait qu'il faut donner le coup de serpette; encore faut-il remarquer avec soin si le rudiment de cet œilleton n'a pas été enlevé lorsqu'on a cueilli la feuille, parce que, dans ce cas, il ne repousserait pas et la pointe de la branche taillée périrait jusqu'à l'œilleton qui se trouverait en dessous : c'est là ce qui occasionne les calus ou chicots dont nous avons parlé plus haut.

Sur cent tailleurs d'arbres, à peine peut-on en compter un seul qui possède parfaitement la science de la taille; tous se flattent de bien tailler un arbre, mais bien peu d'entre eux calculent leur sujet, et coupent la branche près de l'œil qui doit sûrement repousser : presque tous ignorent que l'œilleton repousse ordinairement mieux sur le bois vieux que sur le bois trop nouveau; ils ignorent même ce que c'est que le rudiment de la feuille : ils ne se doutent pas même que lorsqu'il a été enlevé par la maladresse du ramasseur de feuilles, l'œilleton ne peut plus repousser, et qu'en conséquence la branche coupée près de l'œilleton emporté donnera un chicot mort plus ou moins allongé. La plupart croient être de bons tailleurs d'arbres parce qu'ils arrondissent bien la tête du sujet à tailler, bien que rien n'indique mieux le peu de savoir du tailleur d'arbres que cette manière de faire; car, pour arriver là, il est obligé de couper les branches sur tous les points, sans s'inquiéter si elles pousseront ou non au point de section.

411 — Avantage de la pratique pour la taille du mûrier.

La pratique seule peut rendre maître sur le point important de la taille du mûrier, tout comme sur celle de tous les arbres possibles ; elle seule peut faire connaître les mauvais yeux tenant à la nature de la branche : c'est cette nature qu'il faut étudier, avant de tailler ; cette étude est peut-être plus difficile qu'on ne le pense, et les bons tailleurs d'arbres, plus rares et plus précieux qu'on ne le croit généralement.

Celui qui est chargé de la taille du mûrier doit moins chercher à arrondir son arbre qu'à bien couper chaque branche à son point, afin qu'elle puisse donner un beau jet près du point coupé et que la plaie faite par l'instrument tranchant puisse se recouvrir d'écorce le plus promptement possible ; il doit retrancher en entier de l'arbre toutes les branches mortes et toutes celles attaquées par la carie ou toute autre maladie.

Bien des gens se disent tailleurs d'arbres ; mais le nombre de ceux qui travaillent consciencieusement à ce métier et qui y apportent toute l'attention nécessaire est bien petit : le manque de savoir et d'attention, l'amour-propre presque toujours déplacé distinguent le grand nombre des tailleurs d'arbres ; si l'on joint à ces défauts la paresse, on verra combien l'agriculture est mal partagée de ce côté-là, et combien il serait utile d'améliorer cette partie importante des travaux agricoles. La plaie la plus profonde de notre agriculture est sans contredit dans l'ignorance et le mauvais vouloir de la domesticité et des ouvriers colons : ces hommes ne voient dans les travaux qu'on leur confie que la nécessité de les exécuter tant bien que mal, pour avoir droit à leur salaire ; l'intérêt sordide est ici le seul mobile qui les fait agir : ce sont là des principes d'immoralité qu'il serait bien important de faire disparaître dans l'intérêt de l'agriculture et du bien-être général.

La mauvaise taille est une des causes principales de la grande mortalité que l'on remarque, depuis quelques années, dans les plantations de mûriers : une bonne taille faite à propos ranime la végétation de l'arbre séricicole; la mauvaise taille, la taille inopportune, au contraire, le conduit à sa ruine, à une mort prématurée.

412 — Culture de façon du mûrier.

La culture du mûrier n'étant pas celle des plantes à basses tiges annuelles et bis-annuelles, ces plantes ne sauraient être cultivées simultanément sur le même emplacement; le mûrier veut régner seul sur le sol, attendu qu'il a besoin d'une culture légère, souvent répétée dans l'année, pour le débarrasser de toutes les plantes qui nuisent à sa végétation, pendant que les plantes annuelles et bis-annuelles demandent des labours profonds, et cela à des époques éloignées Le mûrier et les différentes plantes annuelles et bis-annuelles ne peuvent donc être cultivés simultanément. Lorsque l'on cultive les plantes annuelles et bis-annuelles sur le sol où est placé le mûrier, on est forcé de donner à ce sol des labours profonds; les racines du mûrier, dont la plupart sont placées à la surface de la terre pour y profiter des influences atmosphériques, sont alors déchirées par le soc de la forte charrue qu'exigent les labours profonds nécessaires à la culture des plantes annuelles et bis-annuelles : l'arbre ainsi lacéré par ses racines reçoit des atteintes cruelles qui nuisent fortement à ses produits et ne tardent pas à le faire périr.

Le sol sur lequel végète le mûrier doit lui être entièrement consacré; vouloir le couvrir d'autres plantes, c'est renoncer à peu près au produit du mûrier et à celui des plantes que l'on cultive sur ses racines, parce que, dans ce cas, les deux végétaux que l'on cultive simultanément, se nuisant réciproquement, ne donneront jamais que de très-faibles produits, couvrant bien difficilement les frais d'exploitation.

413 — Distances auxquelles on doit planter le mûrier plein-vent.

Nous avons déjà indiqué la manière de planter le mûrier plein-vent; mais nous n'avons rien dit sur la distance à laquelle ils doivent être placés les uns des autres, soit que l'on veuille les planter en lignes, en allées ou en quinconce : cette distance varie suivant la qualité du sol sur lequel repose l'arbre; elle est de huit à dix mètres sur un sol de moyenne qualité; sur un très-bon sol, les mûriers doivent être placés à douze mètres de distance dans tous les sens; sur un sol de mauvaise qualité, sept à huit mètres de distance suffisent.

Les sols sablonneux sont, avec raison, réputés de mauvaise nature; cependant à cause de la division de leurs molécules lorsqu'ils sont fumés, les racines du mûrier y circulent avec tant de facilite et s'y étendent si promptement, que dans cette espèce de sols, bien que de très-mauvaise qualité, l'arbre séricicole doit être planté à la plus grande distance, les sujets placés à douze mètres de distance les uns des autres.

Dans le sable, quelles que soient les distances auxquelles on place les mûriers lorsqu'on les plante, les racines finissent toujours par se chevaucher ; et dès que les racines de tous les arbres de la plantation sont obligées de faire ordinaire ensemble, ne rencontrant plus dans le sol une nourriture assez abondante malgré les abondants engrais qu'on peut leur fournir, on les voit périr, tantôt subitement, jouissant de la plus parfaite santé, tantôt attaqués de la carie, après avoir donné longtemps cours à une humeur visqueuse, qui est presque toujours un signe certain de la mort prochaine de l'arbre.

414 — Observations sur les mûriers plantés sur les sols sablonneux.

Quoi que l'on fasse, jamais le mûrier planté dans le sable ne sera d'une bien longue durée ; cependant, bien cultivé et bien entretenu, il peut donner de très-bons produits chaque année, et pousser son existence assez loin pour présenter de grands avantages aux planteurs ; mais, pour que les plantations faites sur le sable soient avantageuses, il faut que les sujets soient bien plantés, bien fumés, et qu'ils occupent une large place sur le sol. Les engrais qui conviennent le mieux à l'arbre séricicole, lorsqu'il végète sur le sable, sont les bons terreaux et les composts à la chaux.

415 — CULTURE DU MURIER MI-VENT.

Tout ce que nous venons de prescrire pour la culture du mûrier plein-vent, ou à haute tige, s'applique également à celle du mûrier mi-vent; seulement la distance d'un sujet à l'autre doit être moins grande. Dans la plantation mi-vent, entre les arbres placés en quinconce, elle doit être de quatre mètres au moins en tous sens; une plus grande distance est encore mieux, lorsque le sol sur lequel on plante est de très-bonne qualité.

Lorsqu'on emploie le mûrier mi-vent pour limiter des propriétés ou des sillons, on peut, dans ce cas, se contenter de les placer à trois mètres de distance les uns des autres; une moindre distance ne peut convenir que sur un très-mauvais sol.

Les mi-vents se plantent dans des fossés défoncés à un mètre de profondeur, sur une largeur d'un mètre vingt centimètres; les engrais, pour la plantation, seront mélangés à la partie de la terre des déblais qui doivent servir à combler le fossé. Pour tout le reste de la plantation, on se conformera à ce qui a été dit pour celle des mûriers plein-vent, c'est-à-dire que le fossé sera rempli aux deux tiers avec le mélange avant de planter le sujet.

416 — Observations sur les mûriers greffés ou non-greffés.

Les sujets à planter peuvent être greffés ou non-greffés, pour les plein-vent comme pour les mi-vent. Les mûriers plantés greffés produisent plus tôt, et n'ont pas à redouter les inconvénients de la greffe, souvent très-préjudiciables à la santé de l'arbre lorsque la greffe n'a pas une complète réussite.

Certains auteurs prétendent que les mûriers plantés non-greffés, devant l'être par conséquent sur place, vivent plus longtemps et en meilleure santé que ceux qui l'auraient été avant la plantation. Je n'ai jamais été à même de faire cette remarque, bien que j'aie planté indifféremment les uns et les autres; mais la remarque que j'ai été à même de faire souvent, c'est que le manque de la greffe fait périr beaucoup de sujets, et que le mûrier planté greffé n'est pas exposé à ce grave inconvénient.

La plantation de la pourrette greffée diffère de la pourrette non-greffée en ce que les sujets greffés à planter peuvent être âgés de quatre ans, et même quelquefois de cinq, tandis que ceux non-greffés doivent être plantés une année ou deux au plus après le semis, et doivent se planter à l'aide d'un piquant sur un fossé comblé et absolument traité de la même manière que celui disposé pour recevoir les pourrettes greffées; seulement le fossé sera comblé en plein, avant le repiquage des sujets. Dans les deux cas, c'est-à-dire dans celui de la plantation des sujets greffés, et dans celui du repiquage des sujets non-greffés, les pivots des jeunes sujets doivent être retranchés en partie vers leurs extrémités.

417 — Des haies de mûriers mi-vent.

Les haies de mûriers très-rapprochés et les doubles haies mi-vent sont de véritables erreurs agricoles, ou plutôt le fait du caprice du planteur. Comme ce genre de plantations ne peut être avantageux que dans des cas bien exceptionnels, on doit en être très-sobre.

Les haies de sujets très-rapprochés doivent rester sauvageonnes pendant tout le temps de leur durée; et pour qu'elles puissent donner des produits, il faut qu'elles soient taillées tous les ans ou au moins tous les deux ans, et qu'elles soient parfaitement cultivées pendant tout le cours de l'année.

Les haies de mûriers sauvageons rapprochés doivent avoir pour but de fournir de la feuille sauvage très-précoce ; aussi ces plantations doivent-elles être placées autant que possible dans des lieux bien exposés, pour que la végétation en soit hâtive.

Les doubles haies, soit greffées ou non-greffées, ont pour but la séparation de deux héritages : aussi ne doivent-elles être employées que dans ce cas ; dans tous les autres, elles ne présentent aucun avantage, et ont le double inconvénient de se nuire par le trop grand rapprochement des plantes, et de présenter des difficultés dans leur culture, qui, dans ce cas, ne peut se faire autrement qu'à bras, parce que les bêtes de labour ne peuvent passer entre les deux lignes pour les cultiver.

418 — Du défoncement du sol pour les plantations du mûrier.

Quelques praticiens planteurs défoncent le sol à trois pieds de profondeur sur toute son étendue, pour y planter en quinconce le mi-vent ; c'est là une bonne pratique, qui n'a d'autre inconvénient que d'être un peu coûteuse. Lorsqu'on défonce le sol pour le destiner à l'usage des plantations, il faut autant que possible préalablement labourer profondément le sol, pour rendre le travail de défoncement plus facile ; fumer le sol remué sur toute son étendue et principalement les couches inférieures, et placer dans le fond de l'excavation les gazons et la meilleure terre du sol remuée ;

sur les sols ainsi préparés et bien divisés, on plantera de la pourrette d'une année, c'est-à-dire des sujets d'une année de semis ; cette plantation se fera, comme nous l'avons déjà dit, à l'aide d'un piquant et d'un cordeau qui servira à bien établir le quinconce. Lorsque la plantation est faite sur un sol défoncé sur toute son étendue, les racines s'étendant avec une étonnante rapidité et facilité, et la végétation étant extrême, il faut planter à la plus grande distance.

Observations.

On a fait beaucoup d'épreuves, on a beaucoup discuté pour savoir s'il était plus avantageux de planter des sujets greffés que des sujets non-greffés, de la pourrette d'une année plutôt que de la pourrette de deux ou trois ans, de la pourrette greffée ou de la pourrette non-greffée ; chacune de ces manières de faire présente ses avantages et ses inconvénients. L'arbre plein-vent et mi-vent non-greffé donne de la feuille plus printannière et vit plus longtemps que l'arbre greffé ; mais il donne chaque année beaucoup moins de feuille que ce dernier. L'arbre destiné à rester non-greffé n'a pas à redouter les inconvénients de la greffe, qui souvent lui donne le coup mortel. L'arbre greffé avant sa plantation à demeure n'a pas à subir la rude épreuve de la greffe ; son produit est plus prompt et plus abondant. Le mûrier non-greffé a plus de durée que le mûrier greffé ; il est moins sujet aux maladies ; la nourriture qu'il fournit aux vers à soie convient mieux pour le jeune âge : mais d'un autre côté, dans un temps donné, le mûrier sauvage fournit deux fois moins de feuille que le mûrier greffé, et sa cueillette est deux fois plus coûteuse.

Un mûrier sauvage qui aura vécu cent ans aura fourni cent cinquante sacs de feuille dont la cueillette aura coûté 50 centimes par sacs ou 75 francs pour les cent cinquante sacs, plus 50 francs de taille, total 125 francs : cent cinquante sacs à 2 francs donnent 300 francs, dont il faut retrancher 125 francs : reste produit net, pour cent ans, 175 francs.

Le mûrier greffé n'a vécu que cinquante ans, pendant lesquels il a produit 200 sacs de feuilles, dont la cueillette à coûté 20 centimes le sac, ce qui fait 40 francs pour les deux cents sacs, et 20 francs de taille : total des frais pour le mûrier greffé, 60 francs ; deux cents sacs à 2 francs font 400 francs, dont il faut retrancher 60 francs de frais : reste net, pour le produit du mûrier greffé, 340 francs en cinquante ans, pendant qu'en cent ans le mûrier non-greffé n'a produit que 175 francs ; je suppose ici tous les autres frais égaux de part et d'autre, ce qui fait une large part au mûrier non-greffé, car bien certainement en cent ans il aura coûté plus de frais de culture que le mûrier greffé qui n'en a vécu que cinquante.

Si l'on considère maintenant que le mûrier non-greffé a occupé le sol pendant cent ans, et que le greffé ne l'a occupé que pendant cinquante, on trouvera que le mûrier greffé a laissé le sol libre pendant cinquante ans à d'autres produits ; et si on les retranche du produit net du mûrier non-greffé, sa production, en comparaison de celle du mûrier greffé, se réduira à bien peu de chose.

Or, si nous évaluons les produits de cinquante ans non occupés par les mûriers greffés à la moitié des produits des cinquante années du mûrier greffé, nous aurons la moitié de 340 égale 170, qui, joints à 340, égalent 510 francs, pour la production totale du sol sur lequel a été planté le mûrier greffé en cent ans, pendant que dans le même laps de temps, le sol sur lequel a végété le mûrier non-greffé n'a produit que 175 francs : différence en plus en faveur du mûrier greffé, dans un siècle, 335 francs. Il n'y a rien d'exagéré dans ce calcul, qui, comme on le voit, donne un avantage de produit bien marqué à la culture du mûrier greffé sur celle du mûrier non-greffé; cependant il ne serait ni conséquent ni sage de renoncer entièrement à la culture du mûrier sauvageon : ce dernier présente des avantages et est préférable dans certains cas; sa feuille est plus précoce que celle du mûrier greffé, elle est aussi plus propre à la nourriture des vers dans les premiers jours de leur vie; les vers qui en seront nourris jusqu'au troisième âge seront presque toujours d'une constitution plus forte que ceux qui l'auraient été avec de la feuille de mûrier greffé; parce que cette dernière manque à cette époque de maturité et est trop aqueuse pour nourrir suffisamment les vers qui la mangent.

L'insecte séricicole nourri jusqu'au troisième âge avec de la feuille sauvage sera moins sujet aux maladies et donnera un cocon dont la soie sera plus belle que si le ver avait été alimenté dès son jeune âge avec de la feuille de mûrier greffé, qui ne devient avantageuse à la nourriture des vers qu'après le troisième âge. Or, tout planteur bon magnanier doit diriger ses plantations de manière à pouvoir se procurer assez de feuille sauvageonne pour conduire ses vers jusqu'au troisième âge, ce qui est d'autant plus facile que jusque-là la quantité de feuilles à consommer étant peu de chose, la plantation des mûriers sauvages sera dans une proportion bien minime comparativement à celle des mûriers greffés. A cette époque de la vie du ver, il a à peine mangé la trentième partie de la feuille qu'il doit consommer pour arriver au point où il doit filer sa soie; d'un autre côté, à cette époque, la cueillette de la feuille sauvageonne sera peu dispendieuse, parce que les personnes chargées des soins de l'éducation suffiront pour cueillir la feuille sauvage nécessaire à la nourriture des vers dans le bas âge : l'emploi de la feuille sauvageonne n'est dont nullement onéreux dans les premiers jours de l'éducation; elle ne présente, au contraire, alors que des avantages, comme nous l'avons démontré plus haut.

Passé le troisième âge, la feuille non-greffée, donnée comme nourriture aux vers présente des inconvénients, parce qu'alors elle devient dure, coriace, peu nourrissante, difficile à ramasser et à digérer; aussi doit-elle être entièrement abandonnée à cette époque de la vie du ver, et remplacée par la feuille greffée, qui est alors bien plus convenable sous tous les rapports.

419 — Le mûrier à haute tige comparé à celui à basse tige.

On a encore souvent discuté pour savoir si la culture du mûrier nain, du mûrier mi-vent, était plus avantageuse que celle du mûrier plein-vent. Ceux qui ont plus expérimenté que discuté sont restés convaincus que chacune de ces cultures présente ses avantages et ses inconvénients : le plein-vent fait plus attendre ses produits que le mi-vent; mais il est d'une durée plus grande et fournit plus de feuille que ce dernier lorsqu'il est arrivé à un certain âge. Avant cinq ans de plantation, les produits du mûrier plein-vent sont à peu près nuls, pendant que le mi-vent peut commencer à produire après deux ou trois ans de plantation.

La feuille du mi-vent est presque toujours d'une qualité inférieure à celle du plein-vent; elle reste aqueuse pendant longtemps : elle est par conséquent peu nourrissante et d'une digestion difficile. Les vers qui ne mangeraient que de la feuillle mi-vent seraient sujets à bien des maladies, surtout si on leur en donnait de nombreux et trop copieux repas. La feuille venant de vieux plants plein-vent est au contraire d'une digestion facile et très-propre à entretenir le ver dans un état de parfaite santé, parce qu'elle lui fournit une nourriture convenable; aussi, dans toute éducation bien dirigée, sera-t-il toujours très-bien, sur trois repas, d'en donner deux de feuilles venant de vieux mûrier plein-vent, et un des feuilles venant de mi-vent greffé.

Ainsi donc, quelque avantageuse que paraisse à la première vue la culture du mûrier mi-vent, elle ne doit jamais entrer pour plus d'un tiers dans les besoins d'une exploitation séricicole.

Le ver qui est nourri exclusivement de feuilles cueillies sur le mi-vent ou sur de très-jeunes plein-vent, et encore sur un arbre nouvellement taillé, semble prendre un embonpoint démesuré, qui n'est autre qu'un état de boursouflure, espèce de météorisation, de maladie, qui, bien que bénigne en apparence, devient ordinairement la source des maladies les plus graves lorsqu'on n'y porte pas de suite remède en mettant le ver à soie à la diète dans une atmosphère pure et saine. Après ce jeûne les repas doivent être légers et donnés pendant quelques jours avec de la feuille cueillie sur de vieux sujets plein-vent.

On voit, d'après ce que nous venons de dire combien il est fâcheux que le commun des éducateurs ne fasse aucune attention aux suites funestes que peut avoir une nourriture trop absolue avec de la feuille prise sur des mûriers nains ou sur de très-jeunes plein-vent. Il est encore plus fâcheux que les éducateurs ne cherchent pas à éviter le mal, qu'ils ne reconnaissent que lorsqu'il règne dans sa plus grande intensité, que lorsqu'il n'est plus possible d'y porter remède.

420 — Engrais qui conviennent aux plantations de mûriers.

Tous les engrais possibles conviennent au mûrier pour la plantation : à défaut d'engrais décomposés, on peut employer, pour fumer ce végétal, l'herbe, le gazon, les feuilles de toute espèce, le genièvre, le buis même ; il faut avoir soin seulement que ces différents engrais végétaux soient mélangés à la terre qui doit servir à combler le fossé, et qu'ils soient toujours placés en dessous des racines du sujet à planter. Le fagotage est le seul engrais qui ne convienne nullement pour fumer le mûrier ; cependant il est celui qui est le plus généralement employé, parce qu'il est le plus facile à se procurer, et celui qui est le plus particulièrement admis par la routine. Le commun des planteurs entasse le fagotage en dessus des racines ; cette espèce d'engrais, ne parvenant à se décomposer qu'après un laps de temps assez long, ne produit aucun effet fécondant la première année de la plantation, on peut même dire les premières années. Les fagots une fois décomposés, ils forment dans le fossé une couche de terreau végétal, qui serait une excellente substance fécondante si elle était mélangée à la terre qui comble le fossé ; mais ce terreau, formant une même couche, fournit aux racines du mûrier, qui passent dedans, une matrice nullement convenable, attendu que si les racines se trouvent bien dans une matrice composée de deux espèces de terre, mâle et femelle, elles ne peuvent prospérer, vivre même, dans une matrice composée de l'une des terres seulement, parce que chaque chose ne prospère que dans la matrice qui lui est convenable. C'est là, comme on le sait, une loi commune à tous les êtres vivants ; la participation des deux natures est nécessaire pour que la matrice soit fécondée : aussi, une fois que les racines sont arrivées dans la couche composée uniquement de terreau végétal, résultat de la décomposition du fagotage, loin de s'y trouver bien, elles reçoivent dans le passage de cette couche des atteintes tellement graves, que l'arbre qu'elles soutiennent reste dans un état de souffrance et de maladie jusqu'au moment de sa mort, qui ne se fait jamais beaucoup attendre.

421 — Des maladies du mûrier.

Le mûrier, soit plein-vent, soit mi-vent, est sujet à une infinité de maladies souvent mortelles, qu'il serait cependant facile de prévenir par des soins assidus de bonne culture ; il sera même toujours mieux de chercher à les prévenir que de chercher à les guérir, car la guérison des végétaux est fort difficile, pour ne pas dire impossible.

Nous allons indiquer les maladies et les causes des maladies, que notre longue habitude de la culture du mûrier nous a mis à même de reconnaître.

Depuis plus de trente années que nous nous occupons de la culture et de la plantation du mûrier, nous avons remarqué bien souvent que toutes les fois qu'un sujet est vicié dans quelques-unes de ses parties avant sa plantation, l'arbre venant de ce sujet ne vivait jamais longtemps, et que sa vie se passait dans un état de maladie continuelle; qu'il était presque toujours atteint, dès les premiers instants de sa vie, de la maladie de la carie, sur toute son étendue ou sur quelques-unes de ses parties : d'où nous avons conclu qu'il est de la plus haute importance de bien examiner la santé du sujet avant de le confier à la terre, rejetant celui qui ne serait pas sain, et même qui laisserait le moindre doute à cet égard.

Une cause de la mauvaise santé et de la mortalité des mûriers est encore la funeste habitude qu'ont les planteurs de placer les sujets trop profondément en terre, de placer le collet de l'arbre à planter à plus de cinquante à soixante centimètres de profondeur dans le sol, lorsqu'il devrait être placé à sa surface. Lorsque j'ai fait arracher des mûriers ainsi plantés, je les ai tous trouvés attaqués de la carie.

Observations.

La plupart des praticiens routiniers pensent que lorsque les racines sont profondément enterrées, elles ont moins à redouter la sécheresse. Leur pensée est ici en condradiction flagrante avec la réalité, car ce sont au contraire les arbres le plus profondément plantés qui ont le plus à souffrir de la sécheresse; et voici comment cela s'explique : nous savons que c'est par leurs extrémités que les racines reçoivent principalement l'humidité et la nourriture de la terre; nous savons également que lorsqu'un arbre a été planté trop profondément, ses racines sont forcées de remonter à la surface de la terre pour y jouir des bienfaisantes influences atmosphériques et de celle des engrais, que les planteurs ont toujours la mauvaise habitude de placer sur les racines et à la surface du sol; dans ce cas, les extrémités des racines se trouvent rapprochées de la surface de la terre, où elles viennent chercher un aliment qu'elles ne peuvent trouver dans les couches inférieures. Or, la surface du sol est toujours la partie la plus sèche : ce sont donc les arbres le plus profondément plantés qui ont le plus à souffrir de la sécheresse, loin d'être ceux qui s'en trouvent à l'abri.

Les choses se passent bien autrement lorsque l'arbre a été planté à la surface sur une forte couche mouvante et bien fumée; les racines dans cette position reçoivent tout naturellement les influences atmosphériques, et, étant forcées d'aller chercher leur nourriture dans les couches inférieures, n'ont pas à redouter la sécheresse.

Voilà les erreurs que commettent journellement ceux qui sont aveuglés par l'esprit de routine; cependant, en jetant les yeux sur les plantes venues naturellement de graines, ils verraient que la nature a placé le collet des plantes à la surface de la terre, et non à quarante ou cinquante centimètres en dessous, et qu'elle a voulu que les racines se dirigeassent vers le centre de la terre et non vers le ciel ; ils verraient qu'il n'y a pas d'autres moyens de bien planter les arbres que ceux que nous indiquons.

Les mûriers que l'on taille toutes les années en retranchant une forte partie de leurs branches paraîtront pendant quelques années plus agréables à la vue, la cueillette de la feuille en sera plus facile ; mais le sujet dépérira bientôt et ne tardera pas de mourir, surtout si sa culture est négligée, et si chaque année on ne le couvre d'engrais : encore, avec tous ces soins, ne poussera-t-il jamais bien loin sa carrière.

Le mûrier que l'on taille toutes les années est comme l'homme que l'on saignerait tous les mois sans raison ; les premières saignées pourraient le rappeler à la santé, mais bien certainement les saignées trop répétées finiraient par compromettre sa santé et sa vie. Nous devons cependant observer ici que le mûrier sauvageon peut sans inconvénient être taillé court toutes les années, parce que sa nature est plus vivace que celle du mûrier greffé.

Comme nous n'avons cessé de le dire pour toute espèce de produits, le mûrier pour jouir d'une bonne santé, pour prospérer, veut être tenu dans un état continuel de culture ; cependant la plupart des praticiens négligent ce point essentiel. Dans presque toutes les exploitations on trouve des mûriers couverts d'herbes et souvent d'une pelouse épaisse, des mûriers végétant sur un sol tellement dur, qu'avec une charrue ordinaire, attelée de deux chevaux, il serait impossible d'entamer la terre, de renverser le gazon. Il faudrait, pour cultiver ce sol endurci, employer une forte charrue tirée par une grande force de trait ; mais la forte charrue déchire, endommage les racines qui se trouvent en grand nombre à la surface du sol, où elles sont venues demander des substances alimentaires aux influences atmosphériques, n'en trouvant plus au sein de la terre : or nous savons que les racines lacérées font périr l'arbre, et que rien ne porte plus de péjudice à la santé, à la vie du mûrier, que de négliger sa culture, que de laisser pousser du gazon sur ses racines.

422 — Formation de la tête du mûrier.

Peu de planteurs savent former à temps la tête d'un jeune mûrier : il résulte de cette incurie que les produits arrivent beaucoup plus tard, et que souvent même l'arbre reçoit de ce manque de savoir des atteintes mortelles. Pour bien former la tête d'un mûrier, on procédera comme nous allons l'indiquer :

Au commencement du printemps, dès que la pousse de la greffe est faite, il faut songer à former la tête du mûrier; pour cela on coupe une partie de la baguette venant de la greffe, de manière à ne lui laisser que deux ou trois yeux. Lorsque le mûrier sera destiné à donner de la feuille sauvageonne, on ne songera à former sa tête qu'après la deuxième année, et quelquefois même la troisième année de la plantation, suivant que les branches auront poussé plus ou moins vigoureusement. Pour bien former la tête d'un mûrier greffé ou d'un mûrier sauvageon, deux ou trois années de taille soignée et raisonnée seront nécessaires. Cette taille soignée et raisonnée consiste à retrancher toutes les branches qui seraient en trop, toutes les pousses inutiles, les branches gourmandes qui surchargent l'intérieur de l'arbre, ou qui le dérangent dans ses formes, soit en s'élevant ou en s'abaissant trop, de manière à ce que la tête de l'arbre offre une jolie forme et une belle végétation.

423 — Inconvénients des fortes sécheresses et des fortes gelées sur le mûrier.

Les fortes gelées et les fortes sécheresses qui se succèdent plusieurs années de suite sont encore des causes de maladies et de mortalité pour l'arbre séricicole ; les fortes gelées font quelquefois fendre le tronc et mourir les branches, particulièrement les plus jeunes, surtout lorsque le bois n'est pas arrivé à parfaite maturité avant le commencement de l'hiver.

La sécheresse trop prolongée dessèche les racines, les parties de l'arbre les plus essentielles à la végétation, bien que le mûrier ne la redoute que lorsqu'elle est extrême, c'est-à-dire lorsque toutes les racines se trouvent dans le sec ; car lorsque les racines les plus enfoncées dans le sol se ressentent encore des bienfaisantes influences de l'humidité, elles la communiquent à toutes les autres parties de l'arbre : aussi le mûrier bien planté et bien cultivé, loin de se trouver mal de la sécheresse, prend au contraire alors une grande force de végétation et prospère.

La poussière du plâtre que l'on répand sur les prairies artificielles, tombant sur les rameaux et les feuilles du mûrier, fait beaucoup de mal à cet arbre : aussi conseillons-nous, toutes les fois que l'on aura à répandre cet excitant de végétation sur une prairie artificielle placée près d'une plantation de mûriers, de remplacer le plâtre par sa double quantité de chaux pulvérisée, ou de le répandre dans un moment de calme complet.

424 — Inconvénients des cultures successives du mûrier sur le même sol.

Le mûrier ne se plaît guère sur l'emplacement où sont morts d'autres mûriers et même qui vient d'en produire; lorsqu'on veut remplacer une plantation de mûriers par une autre, il faut préalablement défoncer profondément le sol, et avoir le plus grand soin d'extraire tous les restes cadavéreux des anciens mûriers. Sans ces précautions utiles on s'exposerait à voir périr un à un, et cela en très-peu de temps, tous les sujets de la nouvelle plantation.

Nous ferons observer ici que toutes les fois qu'il sera possible de planter sur un terrain nouveau, il sera toujours mieux de le faire que de chercher à renouveler une plantation détruite. Il arrive assez ordinairement que lorsque dans une plantation en quinconce il périt un sujet, ceux placés à droite et à gauche périssent également, et que, de proche en proche, ils finissent par tous périr, aussi vaut-il mieux planter le mûrier en lignes isolées qu'en quinconce.

Comme nous l'avons déjà fait remarquer, tout mûrier bien planté sur un sol sablonneux végétera vigoureusement et donnera d'abondants produits pendant quelques années; mais rarement il fournira une carrière très-prolongée. Il arrive souvent dans le sable qu'un mûrier qui paraît jouir de la plus parfaite santé meurt subitement, sans que l'on puisse s'expliquer pourquoi ni comment; cependant cette mort prématurée peut être occasionnée sieurs causes : elle vient souvent de l'épanchement intérieur d'une humeur visqueuse, suite ordinaire de la maladie du chancre; le fluide ne pouvant se vider à l'extérieur, parce qu'il est retenu dans l'intérieur du végétal par l'atonie de ses organes fibreux et autres, étouffe subitement le sujet, interceptant chez lui les conduits de la sève.

Le fluide, se répandant dans les organes intérieurs du végétal, produit le même effet que chez les animaux lorsque une humeur quelconque arrête subitement dans les vaisseaux la circulation du sang : on sait qu'en pareil cas, la saignée est quelquefois avantageuse; de même, chez les végétaux, une ouvertuse faite à propos au tronc de l'arbre, par où peut s'échapper très-abondamment l'humeur visqueuse, prolonge quelquefois l'existence du sujet malade, mais pendant quelques années seulement; car jamais il ne guérit complètement.

Le chevauchement des racines dans un quinconce est la cause qui fait presque toujours périr un à un les mûriers ainsi plantés; les racines en contact les unes avec les autres se trouvent mal de ce voisinage, parce qu'elles ne trouvent plus dans le sol suffisamment de nourriture pour pourvoir à tous leurs besoins : c'est surtout dans le sable que ce manque de nourriture se fait vivement sentir; aussi est-ce pour cette raison que nous avons prescrit de planter à la plus grande distance sur les sols sablonneux. Plus que partout ailleurs, le mûrier planté dans le sable a besoin d'être souvent et abondamment fumé, et surtout d'être tenu dans un continuel état de bonne culture.

Dans tous les sols, comme dans le sable, le mûrier peut être attaqué de la maladie du chancre; cependant, plus le sol est naturellement fécond, moins l'arbre séricicole qui y végète est sujet à ce désastreux fléau. Les soins de plantation, de culture et de bonne taille, sont les plus sûrs moyens de prévenir les effets de cette terrible maladie, qui fait périr avant le temps presque les deux tiers des mûriers des contrées méridionales. Les mêmes soins de culture sont encore les remèdes les plus efficaces pour prévenir toutes les maladies possibles.

Une cause majeure de la ruine de l'arbre séricicole est la mauvaise habitude qu'ont les ramasseurs de feuilles de les arracher des ramilles en les saisissant de haut en bas, plutôt que de bas en haut. Il est vrai qu'il n'est pas toujours possible de cueillir la feuille de bas en haut; il arrive quelquefois qu'elle tient tellement à la branche, qu'elle glisse dans la main sans qu'il soit possible de l'arracher : alors il faut la cueillir jet par jet, feuille par feuille, sans s'inquiéter du plus de temps que prend la cueillette; en tirant la feuille de haut en bas, on s'expose à déchirer l'écorce de la branche, et à emporter jusqu'au dernier rudiment de l'œilleton qui se trouve sous l'aisselle de la feuille.

Objections.

Cela est bien, dira-t-on; mais comment cueillir les feuilles une à une, lorsqu'on manque de bras et que les vers ont besoin de manger? On a de la peine à répondre à cette juste objection; mais ce que nous pouvons assurer, c'est que les plaies faites aux branches en ramassant la feuille, les œilletons arrachés, réduisent de beaucoup les produits des années suivantes, occasionnent les plus graves maladies, et abrégent la vie du mûrier.

Les branches que l'on néglige de ramasser lorsqu'on dépouille l'arbre de ses feuilles, celles que l'on ramasse à plusieurs jours de distance, restant isolées et couvertes de feuilles pendant que le reste de l'arbre en est dépouillé, portent des atteintes graves à l'arbre séricicole, parce que dans ce cas, la sève abandonne les branches dépouillées, pour se porter sur celles qui ne le sont pas. Il résulte de cet état de choses que celles-ci en reçoivent en si grande abondance qu'elles sont étouffées et périssent, pendant que celles-là, manquant de sève, languissent et végètent faiblement.

Le mûrier dont on cueille la feuille pendant la pluie reçoit encore de graves atteintes de ce travail inopportun : l'eau de pluie qui se mêle à la sève qui s'échappe par les blessures faites par l'enlèvement de la feuille, retarde la guérison de la cicatrice et laisse l'arbre dans un état de maladie qui nuit singulièrement aux bourgeons croissant sous l'aisselle de la feuille cueillie. Les blessures ainsi faites étant extrêmement nombreuses, la souffrance est générale sur toute l'étendue du végétal, dont la végétation est alors chétive et languissante : aussi la pousse de l'année est-elle extrêmement faible ainsi que les produits. Cet inconvénient, souvent commandé par la nécessité, répété plusieurs années de suite, finirait par détruire l'arbre.

Ce sont là autant de causes qui tendent continuellement à diminuer les produits du mûrier, et à abréger le temps de sa vie. Le praticien ne saurait donc trop étudier ces causes et bien s'en pénétrer, pour éviter le mal toutes les fois que la chose sera possible, et pour tirer de l'arbre séricicole tous les avantages dont ce végétal précieux est susceptible.

425 — Sujets de nature greffée.

Pour se procurer des sujets de mûriers dont les racines soient de nature greffée, il faut greffer un jeune mûrier aussi près de terre que possible. Après deux ou trois années de végétation, on coupe l'arbre près de l'endroit où il a été greffé, ayant soin de laisser plusieurs yeux à la greffe coupée; et dès que cette partie greffée aura poussé des branches assez fortes, on les couchera en terre pour en faire des marcottes, ayant soin de fendre à demi la partie de la branche qui doit être le plus profondément enterrée. L'autre partie reste unie à l'arbre marcotté; la branche est fixée en terre par un petit crochet en bois, et recouverte de quinze à vingt centimètres de terre, laissant l'extrémité de la branche marcottée hors du sol, pour que cette partie à laquelle on laissera deux yeux puisse par sa végétation constituer une plante. Dès que la marcotte a fait des racines, on l'isole de l'arbre qui a été marcotté en coupant la partie qui tient encore à cet arbre. La marcotte faite, il faut avoir le plus grand soin de la tenir dans un état continuel de culture, et de l'arroser si le sol sur lequel elle végète est sec. Ce régime est nécessaire, jusqu'à ce que la marcotte ait poussé de profondes racines.

Au printemps suivant, les boutures peuvent être transplantées pour faire des arbres nains; mais si l'on veut en faire des arbres à hautes tiges, il faudra les replanter en pépinières et les receper, ou les couper par le pied, après une année ou deux de bonne végétation pour former la tige, se conformant en tout aux pratiques qui ont été indiquées plus haut à l'article des pépinières.

Lorsqu'un mûrier est en très-mauvais état, que la taille et les autres soins de culture ne peuvent plus lui être d'aucun secours pour ranimer sa végétation, on découvre autant que possible la surface supérieure de ses racines, en enlevant la terre qui les couvre ; on jette dessus une bien faible couche de terre nouvelle et légère, bien divisée ; ensuite on mélangera de la terre également nouvelle avec du bon compost à la chaux, que l'on jettera sur les racines pour remplacer la terre qui a été enlevée. Il arrive souvent qu'à l'aide de ce procédé, des arbres fort malades, dont on désespérait, sont rappelés à la santé et donnent encore de bons produits. Ce procédé peut s'appliquer aux arbres de toutes espèces.

426 — Des espèces et variétés de feuille.

Nous n'entrerons pas dans de grands détails sur les espèces, les variétés et les qualités de la feuille du mûrier, parce que l'expérience nous a prouvé qu'avec toute espèce de feuille on peut obtenir de bons cocons et de la belle soie à de très-légères différences près ; cependant nous avons toujours choisi de préférence la feuille rose à toutes les espèces plus foncées : nous entendons par feuille rose celle qui croît sur les mûriers donnant des fruits de couleur claire lors de leur maturité, tels que les fruits blancs, gris, roses, etc.

Le mûrier, dont les fruits arrivés à la maturité sont d'une couleur très-foncée, comme la mûre noire, la mûre d'Espagne, produit de la feuille dure, coriace, conséquemment d'une digestion difficile, surtout lorsqu'elle est bien faite; c'est pour cette raison qu'elle est un aliment peu propre à la nourriture du ver à soie. Il faut donc, autant que possible, éviter de planter et de propager par la greffe les mûriers de cette espèce; cependant dans un cas de nécessité absolue, il ne faudrait pas trop redouter l'usage de cette feuille, seulement il faudrait la donner avec modération aux vers. L'expérience en petit, il est vrai, m'a prouvé que le ver peut en manger pendant tout le cours de sa vie, et donner des cocons et de la soie, à la vérité d'une moindre qualité que celle que fourniraient des cocons faits par des vers nourris avec de la feuille rose.

Nous avons déjà démontré les inconvénients des plantations de mûriers faites en quinconce, parce que nous avons remarqué que la mort d'un sujet entraînait souvent celle de toute la plantation, et cela en très-peu de temps : c'est pour cette raison que nous conseillons aux planteurs de préférer les plantations de mûriers en lignes isolées autour des champs, aux plantations en quinconce. La méthode des plantations en lignes isolées a encore l'avantage de laisser les champs libres pour y cultiver d'autres produits, pendant que les arbres qui les entourent rendent les confins de la propriété extrêmement productifs.

DE L'ÉDUCATION

DES VERS A SOIE.

427 — Observations générales.

L'industrie séricicole dont le mûrier et le ver à soie sont la base est aujourd'hui une branche des plus importantes de l'agriculture, celle qui doit le plus particulièrement fixer l'attention des agronomes méridionaux et des économistes français.

Les contrées tempérées de l'Europe, plutôt chaudes que froides, trouveront toujours dans les produits de l'industrie séricicole une source féconde de bien-être et de prospérité; cependant elles n'arriveront à ce résultat avantageux qu'en établissant sur des bases solides l'art d'élever les vers à soie. Les bases sur lesquelles doit être établie l'éducation de l'insecte séricicole sont les soins raisonnés, une attention et une sollicitude constante pour tout ce qui est du détail de cette industrie.

Lorsque nous parlons de soins raisonnés, d'attention et de sollicitude constante, c'est que nous voulons bannir des ateliers où l'on élève le ver à soie les vielles habitudes routinières donnant tout au hasard; persuadé que nous sommes que le hasard est un mauvais guide, qui nous égarera toujours sur dix fois au moins huit.

Bien que l'éducation de l'insecte séricicole soit la pratique la plus difficile de la science agricole, il n'est cependant pas impossible de surmonter les difficultés qu'elle présente, et d'arriver à une réussite à peu près sûre, je dis à peu près sûre, parce qu'il est souvent impossible de parer aux accidents occasionnés par les influences atmosphériques.

Pour arriver à de bons résultats, j'engage les éducateurs à suivre très-exactement la méthode que j'emploie avec le plus grand succès depuis vingt années consécutives, méthode dont je vais faire l'historique, pour que chacun puisse y puiser les documents nécessaires à la direction d'une bonne éducation. Mais avant d'entrer en matière, je dois prévenir mes lecteurs que je ne puis promettre la réussite qu'à ceux qui ne s'écarteront en aucun point de tout ce qui sera dit dans le cours de cet ouvrage sur la manière d'élever les vers à soie.

Il est bien possible que l'on m'accuse d'être absolu et minutieux : je dois être absolu, dans l'intérêt des éducateurs ; et de toutes les minuties qui seront consignées dans ce chapitre, il n'en est pas une qui ne soit d'une absolue nécessité pour arriver à la réussite : c'est là du du moins ce qui m'a prouvé la longue expérience que j'ai acquise dans l'art d'élever l'insecte séricicole.

Aussi longtemps que l'ai suivi la méthode ordinaire, c'est-à-dire aussi longtemps que j'ai voulu passer légèrement sur les minuties en question, ne me soumettant à aucune règle, je n'ai pas été plus heureux que les autres; mes produits ont à peine couvert mes frais. Ce n'est que depuis l'adoption de la méthode absolue et minutieuse ci-après indiquée, que j'obtiens sur une grande échelle de cinquante à soixante kilogrammes de cocons, pour trente grammes de graine. J'obtenais à peine vingt-cinq kilogrammes, lorsque je suivais les méthodes consacrées par l'usage et la routine.

Ici, je dois dire un mot sur les dispositions naturelles et générales du ver à soie : cet insecte, par la simplicité de son organisation, est doué d'une très-forte constitution. Élevé en plein air, sous une atmosphère convenable, et nourri avec la feuille du mûrier, sa réussite serait assurée ; mais l'état de domesticité auquel nous avons été obligé de le plier, pour le soustaire aux dangers des variétés atmosphériques, l'a rendu sujet à une infinité de maladies auxquelles il ne serait point exposé s'il pouvait vivre libre, sous un climat qui lui conviendrait; mais privé de sa liberté, sous un climat qui n'est pas le sien, sa forte constitution lui serait d'un bien faible secours si par des moyens artificiels nous n'étions parvenus à le garantir des dangers des transitions subites d'une température chaude à une température froide, et réciproquement, d'un air trop sec à un air trop humide, et aussi de ceux d'une atmosphère chargée de gaz méphitiques.

Dans une température chaude, le ver à soie transpire continuellement ; le moindre froid arrête la transpiration et le dispose à une infinité de maladies ; un air trop sec lui dessèche la peau, attaque les parties internes de son corps, le dispose à la muscardine et à d'autres maladies.

Une trop grande humidité envahit les litières, les décompose et aide la combinaison de différents gaz, soit oxygénés, soit hydrogénés, gaz pestilentiels, tels que l'acide carbonique, le gaz hydro-chlorique, et autres également capables de détruire en quelques instants les plus belles espérances de l'éducateur. Ce ne sont cependant pas là les seules causes de destruction de ce précieux insecte ; il en est d'autres non moins pernicieuses, au premier rang desquelles je mettrai le défectueux régime hygiénique qu'on lui fait suivre, et les erreurs que l'on commet dans la manière de le diriger.

Depuis longtemps j'étais persuadé que l'ignorance dans laquelle vivaient les habitants des campagnes et les facturiers des villes était une des principales causes de la non-réussite en cocons, et que cette non-réussite était ce qui s'opposait au bien-être et à la richesse publique des départements séricicoles : pensant qu'il était possible de remédier à ces graves inconvénients, j'avais souvent cherché à faire prévaloir des idées plus saines et meilleures chez les personnes que j'employais à l'éducation de mes vers ; mais ce fut toujours inutilement : ne connaissant d'autre règle que la routine, elles ne voulaient pas en connaître d'autre. Je fus donc forcé d'agir par moi-même, et je m'occupai sérieusement à chercher une méthode plus conforme à la raison et plus propre à donner d'abondants produits.

L'expérience m'ayant prouvé que le premier besoin du ver à soie était de vivre dans une atmosphère pure et naturelle, je dus chercher les moyens de le préserver dans les ateliers d'une atmosphère chargée de gaz délétères : dirigeant donc dabord toute mon attention sur cette partie essentielle de l'hygiène, je fis construire des ateliers salubres, établis sur un système de ventilation simple et peu coûteux, pouvant s'adapter à tout hangar, galetas, comme à tous les locaux dont la toiture et le plafond ne font qu'un seul corps. Ce système laisse sans doute encore à désirer; mais il est jusqu'à présent le plus énergique et le mieux raisonné de tous ceux qui ont été mis en pratique, et sous ce rapport il mérite de fixer l'attention des éducateurs, parce qu'il remplit les conditions voulues par un système de ventilation à bon marché et rationnel. Je ne doute pas que ce soit à ce mode de ventilation que je doive en partie les brillantes réussites qui me favorise depuis bien des années : je dis en partie, parce que la réussite parfaite des produits séricicoles ne tient jamais à une seule cause; elle naît de l'ensemble de tous les soins, dont il ne faut omettre aucun, bien qu'ils soient nombreux et variés. Le meilleur système de ventilation deviendrait nul, si l'on négligeait les soins nombreux et constants à donner à une bonne éducation.

428 — Système de ventilation.

Pour mettre à exécution mon système de ventilation, il ne s'agit que de pratiquer sur les murailles latérales, rez-le-sol, dans tous galetas, hangar, pièce, ayant pour plafond la toiture, des ouvertures rondes, de dix centimètres de diamètre, placées à un mètre de distance les unes des autres, et cela tout autour de la pièce, si la chose est possible; dans le cas contraire, on les pratique sur toutes les faces libres. C'est par les ouvertures rez-le-sol que l'air atmosphérique entre constamment dans les ateliers, pour y prendre la place de l'air vicié. Celui-ci, plus léger par les effets de la dilatation qu'il reçoit de la chaleur intérieure, est forcé de s'échapper extérieurement, par un grand nombre d'ouvertures ou soupapes, pratiquées sur la partie la plus élevée du plafond, lequel doit toujours présenter des pentes inclinées, parce que l'air, comme tous les fluides possibles, glisse avec plus de facilité sur les plans inclinés que sur les plans horizontaux, où il reste stagnant ou du moins à peu près. Les ouvertures supérieures seront toujours placées à double, une de chaque côté de la pièce de faîtage, à un mètre de distance les unes des autres sur la longueur de l'atelier. Lorsque le toit ne présente qu'une seule pente, on ne placera qu'un seul rang d'ouvertures sur le point le plus élevé; mais on aura soin de les faire plus grandes et de les rapprocher davantage.

C'est par les ouvertures supérieures que s'échappent les gaz méphitiques hydrogénés, produits par les litières et la transpiration des vers à soie. Les gaz plus lourds que l'air atmosphérique; c'est-à-dire les gaz oxygénés, tels que le gaz carbonique, se vident par les ouvertures du bas. Les gaz les plus légers, c'est-à-dire les gaz hydrogénés, tels que le gaz hydro-chlorique, le gaz ammoniaque, le gaz hydrogène sulfuré et autres également délétères, quoique à un degré inférieur, s'échappent extérieurement, entraînés avec l'air dilaté, par les ouvertures ou soupapes supérieures. Ce mouvement ascensionnel de ventilation et de désinfection étant incessant, l'atelier reste ainsi constamment rempli d'un air pur, salubre, que les vers respirent à l'aise. Dans cette atmosphère, sinon parfaite, du moins assez bonne, les vers prennent une forte constitution, qui les met à l'abri des maladies; et lors même qu'ils porteraient avec eux le germe de la muscardine, la salubrité de l'air suffirait pour les préserver des désastreux effets de ce terrible fléau.

Tous les âges, et même la période où le ver est à l'état d'embryon, se trouvent bien des heureuses influences d'une atmosphère pure et tempérée. Dans les ateliers, on obtiendra un air toujours salubre en mettant en pratique les moyens de ventilation que nous venons d'indiquer, et en ayant soin de tenir presque constamment dans l'atelier une fumée légèrement intense et de petits feux clairs, allumés aux cheminées.

429 — Choix des cocons pour la graine.

Procédant par ordre, après la salubrité de l'air, j'arrive au choix des cocons pour la graine, et à la ponte des œufs. Les cocons pour graine doivent être choisis allongés, bien fournis en soie, sans être trop gros; ils doivent être forts, par leurs extrémités. Le choix de cocons de graine une fois fait, on les place sur des claies les uns à côté des autres, sans jamais les entasser, un cocon ne devant jamais en couvrir un autre. On peut encore les enfiler ou les coller entre deux liteaux; ces deux derniers moyens présentent des avantages pour enlever le papillon, parce que le cocon étant fixé, le papillon s'en détache plus facilement; travail qui doit s'exécuter avec la plus grande attention dans la crainte de froisser ou de casser les ailes des papillons mâles et femelles; il faut séparer les mâles des femelles dès qu'ils sortent du cocon, pour que les femelles puissent avant de s'accoupler rendre la matière visqueuse qui pourrait nuire à la fécondation de la graine si les papillons s'accouplaient avant que la femelle ait satisfait à ce besoin.

430 — Manière de faire la graine.

Les papillons mâles et femelles devront autant que possible rester six heures accouplés dans une pièce sombre, ni trop froide ni trop chaude, ni encore trop humide, ni trop sèche, à une température de vingt à vingt-et-un degrés. Après l'accouplement et l'accomplissement, les papillons seront désaccouplés légèrement, et les femelles posées avec soin, tenues par l'extrémité des ailes, sur un linge où elles puissent pondre leurs œufs avec facilité : ceux qui sont chargés de faire la graine doivent apporter la plus grande attention à ce travail ; bien s'assurer, avant de placer les femelles sur la toile où elles doivent pondre leurs œufs, si elles ont été fécondées. Pour s'assurer de cela, il faudra avoir des heures fixes pour accoupler et désaccoupler les mâles et les femelles. Sept heures du matin sera toujours l'heure la mieux choisie pour commencer le travail d'accouplement; une heure de l'après-midi, pour effectuer celui du désaccouplement.

Ces deux opératians demandent une grande attention : il faut rebuter tous les mâles et femelles faibles, manquant de vigueur, ceux qui sont tachés et dont les ailes sont mal développées ; ne faire resservir les mâles que lorsqu'on y est forcé, et après un long repos dans un lieu sombre.

Dans les détails du travail de l'accouplement et du désaccouplement, il faudra avoir le plus grand soin de ne froisser ni les ailes ni le corps des mâles et des femelles. Le manquement à cette attention affaiblit ces animaux et nuit à leurs produits.

On a reconnu qu'une partie des papillons avaient sur la partie supérieure du corps, celle dans laquelle se produit la fécondation de la graine par l'accomplissement, une vessie ou globule renfermant un liquide tantôt blanc, tantôt noir, et grosse comme une petite lentille : elle est intérieure et assez difficile à reconnaître ; cependant, lorsqu'elle est noire, l'œil de l'observateur l'aperçoit à travers la demi-transparance de l'enveloppe de l'insecte : on la découvre parfaitement en le déchirant dans cette partie.

Ce phénomène extraordinaire que l'on n'avait pas encore remarqué, et qui n'existe pas chez les sujets vigoureux et sains, indique une maladie grave dont l'influence doit être fatale à la production de la graine et aux produits qu'elle doit donner, du moins tel est l'avis de celui qui a fait la découverte : car pour moi, comme il y a déjà quelques années que je n'ai pas dirigé de la graine, je n'ai point encore fait cette remarque, que je ne connais que depuis très-peu de temps ; je la regarde cependant comme très-importante, si elle doit nous conduire à des résultats aussi avantageux que ceux que nous annonce son auteur.

Mais laissons parler l'auteur. « Les papillons qui en sont atteints en portent des signes extérieurs non équivoques : leurs ailes sont écornées et comme à demi brûlées ; les pattes manquent en partie ; engourdis et peu avivés, le mâle et la femelle, ordinairement si désireux de s'accoupler, ne se recherchent pas lorsqu'on les rapproche ; la femelle produit avec effort et en petite quantité. »

Il faut donc que les éducateurs fassent un choix sévère dans leurs papillons ; qu'ils rejettent sans exception tous ceux qui ne leur paraîtront pas très-beaux et parfaitement sains ; qu'ils ne s'attachent pas au sacrifice de quelques kilogrammes de cocons, lorsque la réussite de leur récolte doit dependre de la graine ; si elle est mauvaise, rien ne pourra suppléer à ce vice radical : tous les soins, tous les efforts seront inutiles.

NOTA. M. Fraissinet, pasteur de Sauve, prétend que pour se procurer de la bonne graine, il faut faire une éducation à part des premiers vers éclos, dont on choisira toujours les premiers éveillés à toutes les mues, pour avoir des cocons sur lesquels on peut choisir la graine. Cette manière de procéder paraît assez rationnelle : il s'agit de savoir seulement si elle est praticable ; si celui qui a une forte éducation à soigner peut donner ses soins aux détails qu'exige cette méthode, qui, pour être bonne, exige une éducation à part et autre que l'éducation générale de l'exploitation ; car, les premiers vers éclos, les premiers éveillés, qui n'ont d'autre mérite que celui d'être les aînés de ceux qui viennent après, élevés dans le même atelier que ces derniers, donneraient des produits qui ne vaudraient guère mieux. D'un autre côté, les vers les premiers éclos, choisis à toutes les mues sur les premiers éveillés, donneraient-ils en définitive suffisamment de cocons pour faire un bon choix de cocons de graine? Ne serait-il pas plus convenable, pour obtenir de la bonne graine, de choisir ce qu'il y a de meilleur en fait de cocons sur la totalité de la récolte de l'exploitation? Je laisse à M. Fraissinet le soin de résoudre ce problème.

431 — Conservation de la graine.

Revenant à ma méthode, la graine terminée je la recouvre d'une légère couche de fleur de souffre; je la place, ainsi saupoudrée, largement pliée dans un nouet, où la graine ne doit jamais être gênée; pour rendre le nouet plus aisé je le remplis de feuilles de mûrier bien sèches. Je tiens toute l'année la graine ainsi pliée, à une température ni trop chaude ni trop froide, qui n'est ni trop humide ni trop sèche. Les caves sont les lieux les moins propres à la conservation de la graine de vers à soie, que l'on doit toujours préserver des gelées, dans un autre lieu qu'une cave : la température de quatre à cinq degrés au-dessus de glace suffit pour l'hiver, et celle de quinze à dix pendant le reste de l'année.

432 — De la nécessité de renouveler la graine.

La semence des vers à soie est sujette aux mêmes règles que toutes les semences végétales possibles : après un certain laps de temps elle veut être renouvelée, en la faisant sortir de cocons autres que ceux de l'exploitation. La graine doit être renouvelée au moins tous les quatre à cinq ans, si l'on veut que les produits augmentent tant sous le rapport de la quantité que de la qualité des cocons; mais rien n'est plus difficile que de se procurer de la bonne graine et même de bons cocons propres à fournir de la graine sûre : aussi toutes les fois que l'occasion se présente, il faut la saisir avec empressement.

Un moyen de se procurer de l'excellente graine est de croiser deux espèces de bons cocons pris dans deux ateliers différents : la difficulté de cette manière de procéder est de se procurer des cocons qui puissent donner des papillons en même temps; il faut pour cela que les vers aient monté le même jour et aient coconné au même degré de chaleur. Les plus beaux cocons, ceux de la plus jolie forme, sont, comme nous l'avons déjà dit, les cocons un peu allongés et bien fournis en soie sans être trop gros ; les meilleurs cocons de graine sont ceux qui sont très-forts par leurs extrémités.

Lorsqu'il est impossible de se procurer de bons cocons étrangers, soit pour les faire grener seuls, soit pour les croiser avec les cocons de l'exploitation, on peut encore améliorer l'espèce en choisissant dans la même coconnerie un peu plus de cocons doubles que de cocons simples, à l'effet de les croiser ensemble ; la graine venant de ce croisement peut donner pendant deux ou trois ans des produits supérieurs en poids, mais non en beauté.

Les cocons doubles devront être choisis parmi ceux qui auront la plus jolie forme, la couleur la plus claire et le grain le plus fin. Lorsqu'il s'agira de faire la graine, l'une des extrémités des cocons doubles devra être fendue en croix, avec un instrument très-tranchant, pour faciliter la sortie du papillon.

Le renouvellement de la graine, soit qu'on l'achète, lorsqu'on est assuré d'en rencontrer de la bonne, soit qu'elle ait été faite avec des cocons simples ou des cocons doubles, doit avoir lieu au moins tous les cinq à six ans : le plus souvent sera le mieux.

433 — De l'incubation.

Le moment de l'incubation arrivé, après avoir légèrement détrempé les linges auxquels est attaché la graine avec une liqueur composée d'un tiers d'esprit de vin ou alcool et deux tiers d'eau de fontaine, je détache la graine avec soin, me servant pour ce travail d'un couteau à lame de bois, qui l'endommage moins qu'un couteau à lame d'acier ; la graine détachée, je l'épure procédant comme il suit :

434 — ÉPURATION DE LA GRAINE DE VERS A SOIE.

Les graines de vers soie, comme toutes les graines végétales possibles, ne sont pas toutes également bonnes; dans le règne végétal, les graines venant de ramilles ne valent pas celles qui croissent sur les branches principales, de même dans le règne animal, les sujets qui viennent de pères et de mères mal conformés ou malades, de sujets faibles, peu propres à la bonne fécondation et régénération, valent moins que ceux qui appartiennent à des sujets forts et robustes, qui peuvent pourvoir à tous les besoins de la régénération; or, lorsque le papillon, soit mâle ou femelle, est appelé aux fonctions de la régénération, s'il n'a pas toutes les qualités de force requises pour cela, la graine de vers à soie qui résultera de cet accouplement impropre à la fécondation des œufs, ne pourra fournir qu'une mauvaise graine, peu propre à la production en cocons ; celle au contraire qui viendra de sujets forts et robustes, ayant toutes les qualités nécessaires à la fécondation, donneront de la bonne graine, les œufs qui en proviendront seront plus forts et mieux remplis; et, par conséquent, plus lourds que ceux qui viendront de sujets faibles, il résulte de là que l'on pourrait reconnaître les bonnes et les mauvaises graines à la vue, mais le grand nombre présente de si grandes difficultés pour les séparer, qu'on est forcé de renoncer à ce moyen et d'en chercher un autre pour arriver à peu près aux mêmes résultats, après avoir rejeté tous les mauvais papillons.

Voici celui que j'emploie, et qui paraîtra rationnel à tout le monde, lorsqu'on aura réfléchi à cette vérité, que l'œuf contenant une fort sujet, est plus lourd que celui qui en contient un faible, cela une fois bien compris, il sera facile de juger ce que peut avoir de bon la méthode suivante.

Je place soixante grammes de graine de vers à soie dans un tamis que je fais mouvoir comme si je voulais passer de la farine; par ce mouvement, la graine la plus lourde reste sur la toile du tamis, et la plus légère monte sur la plus lourde; cela fait, on lève, en procédant légèrement avec les doitgs, celle qui se trouve à la superficie; on répète cette opération deux ou trois fois, jusqu'à ce qu'enfin on n'aperçoive plus de mauvaises graines.

Ceci n'est encore qu'une première épreuve; pour procéder à la seconde, je me procure un large vase, dans lequel je mets une certaine quantité d'eau de fontaine et un tiers d'esprit de vin; je me suis procuré préalablement un crible dont les trous sont assez forts pour qu'une seule forte graine de vers à soie puisse passer à l'aise; je mets dans ce crible la quantité de graine qui a passé à la première épreuve, j'agite le tamis pour faciliter le passage de la graine que j'ai soin de faire tomber dans le bassin dans lequel est déposé l'eau et l'esprit de vin, comme il est dit ci-dessus ; en tombant dans la liqueur, toutes les graines pesantes, c'est-à-dire celles qui contiennent les bons sujets, se précipitent au fond du vase, et celles qui surnagent sont de suite enlevées avec une écumoire, parce qu'elles sont nécessairement les moins bonnes et celles qui doivent être séparées des autres pour arriver à une bonne éducation de vers à soie ; on décante aussitôt l'opération terminée, pour sortir la graine qui se trouve au fond du vase et on la dépose sur une toile tendue sur un cadre pour la faire sécher.

On procède ainsi pour tous les soixante grammes de la graine que l'on veut épurer. Lorsque toute la graine est sèche, on peut la placer à l'étuve ; où l'on n'allumera le feu que lorsqu'on voudra la faire éclore.

Je me suis bien trouvé de ce procédé, cependant il ne faudrait pas croire qu'il suffit à lui seul pour faire réussir une éducation, car, dans tous les cas possibles, la réussite dépend toujours de l'ensemble des soins, mais il est un puissant auxiliaire, attendu que rien n'est plus contraire à la bonne réussite des vers que la mauvaise graine, c'est la mauvaise graine qui donne les petits. les gras, en un mot, c'est la mauvaise graine qui est la cause première de presque toutes les maladies et de presque toutes les mauvaises réussites ; la graine contaminée donne la dragée.

Je crois que l'alcool et le soufre sur la graine ont la propriété de la décontaminer et de la désinfecter ; je dis je crois, parce qu'il me serait difficile d'attester jusqu'à quel point je dois à ces agents préservatifs la disparition de la muscardine dans mes ateliers ; sans doute qu'ils y ont une part, une très-large même, mais ce serait trop présumer de leur efficacité que de croire qu'ils suffisent pour faire disparaître entièrement, pendant toute la durée de l'éducation, les germes de cette funeste maladie : il faut pour cela, comme nous l'avons déjà dit, l'ensemble de tous les soins, joints à un bon système de ventilation. A la vérité, l'usage de fumigations très-énergiques faites dans l'atelier, avant d'y placer les vers, le désinfecte ; celles faites journellement le maintiennent dans l'état de salubrité ; mais il peut arriver que des accidents qu'il est impossible de prévoir, et auxquels souvent il est même impossible de parer, viennent déranger toutes nos prévisions. Cependant, en donnant à l'éducation les soins que nous indiquons, les cas de non-réussite seront bien rares, et encore jamais les cocons ne manqueront entièrement.

Le soufre et l'alcool peuvent exercer momentanément, de la manière la plus absolue, leur toute puissance sur la graine ; mais que pourrait la graine la mieux désinfectée, si les ateliers dans lesquels doivent être placés les vers après l'éclosion restaient infectés ? Dans ce cas, le germe du muscardin ou de la dragée reprendrait bien vite son empire. Donc, s'il est essentiel de décontaminer la graine, il ne l'est pas moins de désinfecter les ateliers ; plus tard, j'indiquerai les moyens que j'emploie à cet effet.

Outre les causes de ruine dont nous venons de nous occuper, auxquelles il est possible jusqu'à un certain point de parer, les vers à soie sont encore exposés à des accidents auxquels l'homme ne peut remédier qu'en partie, par le raisonnement et une attention toute particulière : un brouillard, une pluie chaude, des pluies trop prolongées et froide, un vent du sud trop chaud, sont autant de causes éventuelles qu'il est difficile de prévenir, mais dont on peut cependant amoindrir les funestes effets par une sollicitude constante et les soins indiqués.

435 — Local d'incubation.

Le local qui sert à l'incubation et à l'éclosion de ma graine est une pièce quelconque bien aérée, convenablement chauffée, et préalablement désinfectée au moyen du gaz sulfureux. Je me sers d'une chambre ou cabinet, de préférence à toute autre couveuse, parce que je suis convaincu que toutes les couveuses, quels que soient d'ailleurs leur forme, leur capacité intérieure, les moyens de ventilation et de chauffage que l'on y emploie pour l'incubation et l'éclosion des vers, ne valent rien, et qu'elles ne donneront jamais que de mauvais résultats, par le motif que l'air de ces couveuses, se renouvelant difficilement, est promptement vicié par le calorique que l'on est obligé d'y introduire. Ces inconvénients n'ont pas lieu dans une pièce spacieuse où l'air circule à l'aise; là, l'air frais qui entre de tous côtés force constamment l'air chaud plus léger et les gaz méphitiques à s'échapper par les ouvertures qui se trouvent çà et là dans la pièce, où ces fluides sont remplacés par un air plus salubre.

Je ferai remarquer ici que, de toutes les couveuses, les plus vicieuses comme les plus désastreuses sont : les paillasses des lits et le corps humain. Dans ces lieux impropres à l'incubation, le malheureux embryon se trouve resserré dans une prison infecte, privé d'air, l'élément le plus nécessaire à son existence : aussi le ver qui naît dans ces couveuses improvisées est-il toujours dans un état de maladie et de souffrance qui lui permet rarement d'accomplir toutes les périodes de sa vie ; et s'il arrive au terme marqué par la nature pour filer sa soie, les résultats de ses travaux sont bien peu de chose, et le plus souvent nuls.

La graine défaite léssivée et séchée à l'ombre, au grand air, est mise à l'étuve dans une pièce bien aérée, convenablement chauffée et préalablement désinfectée; elle y est placée sur une toile claire, fortement tendue sur un cadre de bois de sapin, suspendu de manière à se trouver placé à un mètre vingt-cinq centimètres du sol ; les œufs sont déposés dessus la toile, se touchant sans être toutefois les uns sur les autres. La graine reste ainsi disposée pendant une douzaine de jours, pour se préparer à une température de onze à douze degrés, thermomètre Réaumur; ce laps de temps écoulé, on élève chaque jour la température d'un degré, jusqu'à ce qu'elle soit arrivée au vingt-troisième degré : la température élevée à ce point, l'éclosion est presque toujours terminée. Pendant le temps de l'incubation, il faut avoir le plus grand soin que les rayons du calorique ne frappent jamais directement sur la graine; il ne faut non plus jamais placer des brasières dessous, éclairées avec du charbon de bois ou de la braise mal éteinte, comme le font la plupart des éducateurs.

436 — Éclosion des vers.

Les premiers vers éclos sont ordinairement peu nombreux; il est bien de les jeter, ou de les donner, car ces vers sont tout aussi bons que les autres : je ne les retranche que pour que les vers de chaque éducation soient parfaitement égaux, ne pouvant faire une éducation de quelques vers qui éclosent le premier jour. Ce sont ceux que M. Fraissinet conserve pour donner des cocons de graine.

L'éclosion du second jour est assez forte pour en faire une éducation à part. Enfin le troisième jour est celui de la forte éclosion, c'est celle qui fournit à la plus forte éducation : elle doit également rester à part. On abandonne le surplus de la graine ou on en fait encore une éducation séparée, de manière à ce que chaque jour fournisse son éducation particulière.

437 — Des éducations séparées, soufrage.

Les éducations séparées à un jour de distance les unes des autres, facilitant le service de délitement et celui de la mise aux bruyères, présentent encore l'avantage de laisser dans chaque éducation particulière les vers parfaitement égaux. A mesure que les vers éclosent, on doit les placer très-espacés sur les claies, ayant soin, avant de leur donner le premier repas, de les couvrir d'une légère couche de fleur de soufre pur sublimé. On répètera l'opération du soufrage avant les premiers repas des deuxième, troisième âges, c'est-à-dire après la mue de chacun de ces âges ; on pourrait même la répéter au quatrième âge, si on en sentait la nécessité. Le but du soufrage est de préserver les vers de la muscardine.

438 — Des soins à donner au premier âge.

Le premier repas du premier âge doit être donné très-léger, avec de la feuille fraiche, coupée très-menue ; on répétera ces repas toutes les deux, trois heures, si toutefois les vers ont mangé, parce qu'il ne faudrait pas les couvrir de feuilles inutilement. Les repas seront répétés pendant les vingt-quatre heures qui forment le jour et la nuit ; les repas seront fort légers et donnés avec de la feuille extrêmement menue.

Durant le premier âge, le thermomètre Réaumur sera tenu de vingt à vingt-et-un degrés, sans cependant allumer des foyers trop ardents, dans la crainte de brûler l'oxygène de la pièce, ce qui vicie l'air au plus haut degré et est extrêmement contraire à la santé des vers. Il sera toujours mieux d'obtenir le degré de chaleur nécessaire dans l'atelier au moyen de différents foyers de calorique, que de l'obtenir d'un seul, parce qu'on ne peut obtenir d'un seul foyer assez de calorique qu'en le chauffant au dernier point : un poêle que l'on chaufferait au rouge dans un atelier serait extrêmement nuisible à la santé du ver. Cet inconvénient n'a pas lieu lorsque l'on chauffe les ateliers avec des calorifères, parce que dans ce cas les foyers de calorique sont placés dans des pièces inférieures. Cependant il faut avoir soin de tenir des vases remplis d'eau sur tous les foyers de calorique, poêles ou calorifères.

Avant de placer les vers sur les claies, si la température est humide, j'ai soin d'y répandre une légère couche de chaux pulvérisée ; si au contraire la température est sèche, je remplace la chaux par du charbon de bois pulvérisé. Deux jours avant que les vers s'enterrent pour la première mue, je place des filets sur les claies, et donne les repas sur ces filets. Lorsqu'après plusieurs données les vers ont tous monté sur la feuille nouvelle et qu'ils ont entièrement abandonné l'ancienne litière, je couvre de nouvelles claies de chaux ou de charbon pulvérisé, suivant le degré d'humidité de l'atmosphère, pour placer sur ces nouvelles claies les vers que j'ôte, à l'aide des filets, de dessus les vieilles litières.

La chaux placée sur les claies a pour but de maintenir les litières sèches, et d'en absorber les gaz méphitiques. Cette substance calcaire, ayant la plus grande affinité pour l'humidité et les différents gaz, rend les litiéres inodores, en neutralisant tous les gaz méphitiques. Le charbon de bois pulvérisé, que j'emploie de préférence à la chaux lorsque l'atmosphère est sèche, a également pour but de s'emparer des gaz méphitiques, pour lesquels il a la plus grande affinité ; comme la chaux, il les neutralise et fait que les litières sont moins nuisibles à la santé des vers. Je procède de la même manière pour la levée des vers après la mue.

Avant le premier repas du deuxième âge, les vers ont été couverts d'une légère couche de fleur de soufre, répandue à l'aide d'un tamis de soie, comme cela a été fait à leur naissance.

439 — Soins du deuxième âge.

Durant le cours du deuxième âge, les vers reçoivent de la feuille coupée, toutes les trois heures pendant les vingt-quatre heures. La dose doit être plus forte que pendant le premier âge. Le degré de chaleur doit être de dix-neuf à vingt degrés. Bien que le deuxième âge soit le plus court de tous les âges, les vers doivent cependant être levés deux fois de dessus les litières, comme au premier âge. On les lève donc une deuxième fois avant la mue.

440 — Soins du troisième âge.

Lorsque les vers ont accompli la mue du deuxième âge, avant le premier repas, on les saupoudre d'une légère couche de fleur de soufre, comme il a été dit pour l'âge précédent. Les vers ne reçoivent plus alors de la feuille que toutes les quatre heures. Dès qu'ils ont reçu un repas ou deux, on place les filets pour les lever de dessus les litières ; et dès qu'ils ont tous monté sur la feuille jetée sur les filets, on les place dans les grands ateliers sur des claies, sur lesquelles on a eu soin de répandre préalablement une légère couche de chaux ou de charbon pulvérisé, suivant que l'atmosphère est humide ou sèche, les ateliers ayant été préalablement désinfectés. La chaleur doit être à cet âge de dix-huit à dix-neuf degrés. Ce régime est continué jusqu'au cinquième âge : durant lequel, les vers ne reçoivent que cinq repas dans les vingt-quatre heures ; pendant cet âge, le cinquième, le degré de chaleur ne sera plus que de seize, dix-sept à dix-huit degrés Réaumur.

Durant le cours de tous les âges, les vers ne devront jamais être entassés ; ils devront, au contraire, être toujours bien espacés sur les claies. La quantité de feuille à donner dans le cours de tous les âges doit être calculée de manière à ce qu'il n'en reste jamais sur les claies ou tables, lorsque l'heure du repas suivant arrive. La surabondance de la feuille est une perte réelle qui n'est propre qu'a augmenter la quantité des litières, ce qui est un grand inconvénient, parce que plus la couche en est forte, plus il s'en dégage de l'humidité et des miasmes pernicieux.

441 — Des gaz délétères.

Les litières chargées d'humidité, placées à une température élevée, fermentent et dégagent une quantité prodigieuse de miasmes, ou gaz délétères, qui sont souvent la cause de la destruction totale des vers : aussi ai-je le plus grand soin, pendant les délitements, de ne jamais laisser séjourner les litières un seul instant dans les ateliers, bien que la chaux et le charbon de bois placés sur les tables les rendent moins dangereuses. J'ai également soin de ne jamais placer un ver sur un autre.

Ces pratiques ont une portée que les éducateurs conçoivent difficilement; ils ne veulent pas comprendre que presque toujours c'est l'entassement des vers et le séjour des litières dans les ateliers qui sont les causes des mauvaises récoltes en cocons. Si l'on entassait 20 hommes les uns sur les autres, ceux placés dessous auraient nécessairement beaucoup à souffrir.

442 — Moyens de désinfection.

Comme je l'ai déjà dit, dans les temps d'humidité et de grande sécheresse j'emploie avec le plus grand succès, pour sécher et désinfecter les litières, la chaux et le charbon de bois; ces substances calcaires, ayant une grande affinité pour l'humidité et les gaz, s'emparent de ceux des litières et les neutralisent de manière à ce qu'ils ne peuvent plus nuire aux vers; j'emploie ces agents désinfectants répandus pulvérisés sur les tables ou claies, et par petit tas placés de distance en distance sur le sol de l'atelier; je les suspends également, déposés dans des paniers, sous la partie la plus élevée du plafond. J'emploie encore avec succès la chaux dissoute dans une certaine quantité d'eau pour absorber les mauvais miasmes de l'atelier.

Nous savons que la chaux doit être employée lorsque la température est humide : dans ce cas, la chaux et le charbon peuvent être employés simultanément; mais lorsque l'atmosphère est sèche, il faut renoncer entièrement à la chaux sèche, et n'employer que le charbon de bois et la chaux en dissolution pour désinfecter les litières et s'emparer des gaz méphitiques qui surchargent l'atmosphère de l'atelier. A l'aide de ces différents moyens, on parvient à faire disparaître une grande partie de l'humidité et des gaz délétères des litières et des ateliers; ces substances absorbent les odeurs pernicieuses qui vicient l'air. Les feux clairs aux cheminées, employés comme agents ventilateurs, sont encore un excellent moyen de purification; une fumée légèrement intense produit encore un très-bon effet pour assainir l'air des ateliers. Je fournis de la fumée aux magnaneries en jetant sur des brasières faiblement garnies quelques rubans de menuisier ou tout autre menu bois : le bois de sapin, de pin, est celui qui convient le mieux pour cet usage.

443 — Fumigations, lorsque la mue est pénible.

Au moment de la mue des vers, il m'arrive quelquefois, pour les sortir de l'engourdissement où ils se trouvent presque toujours à cette époque critique de leur vie, de faire brûler une petite quantité d'esprit de vin ou alcool; ou bien encore je jette dans la brasière une légère pincée de storax calamite. Ces fumigations fougasses astringentes produisent le meilleur effet. L'encens est encore une fumigation assez agréable au ver.

444 — Moyens de tempérer l'atmosphère, lorsqu'elle est trop sèche ou trop chaude.

Il arrive quelquefois que l'atmosphère des ateliers, loin d'être trop humide, se trouve au contraire dans un état de sécheresse tel, que les vers en sont excessivement fatigués; dans ce cas, il faut répandre de l'eau fraîche dans la magnanerie, y exciter une légère vapeur par tous les moyens artificiels à la disposition du magnanier. La vapeur chaude ne peut avoir de bons effets que lorsque la température est froide; en temps de grande chaleur elle serait excessivement nuisible.

Lorsque la chaleur est extrême, que l'atmosphère est accablante, que l'air est calme, lorsque les moyens ordinaires ne suffisent plus pour abaisser la température, alors seulement il faut ouvrir les portes et fenêtres, les garnir de linges clairs, ou de branchages mouillés, qu'il faut avoir soin de tenir constamment injectés d'eau fraîche. On mettra en même temps en mouvement dans l'intérieur de l'atelier un ou deux tarares pour agiter l'air : par ces moyens simples je suis parvenu, dans des moments de grande touffeur, à procurer aux vers une brise extrêmement bienfaisante, capable d'abaisser dans l'atelier la température ambiante de trois à quatre degrès; dans cette atmosphère factice, le ver reprend sa vigueur ordinaire, mange avec appétit, et échappe à une crise qui pourrait le détruire.

445 — Inconvénients des transitions subites du chaud au froid, et réciproquement.

Pendant le cours de tous les âges, particulièremen au cinquième, il faut éviter les transitions subites du chaud au froid, et réciproquement; ces transitions portent toujours des atteintes graves à la santé du ver : cependant, le danger n'est pas le même lorsque la température change graduellement. J'ai été à même de remarquer que l'on pouvait impunément, du matin au soir, élever la température de douze à vingt degrés Réaumur, sans courir de grands dangers; je ne cite cependant pas ce fait comme un principe à suivre, mais pour que les éducateurs ne se découragent pas dans des circonstances forcées. Cette observation, vraie fiche de consolation, ne m'empêche pas de recommander au magnanier, de ne rien négliger pour abaisser une température trop élevée, tout comme pour élever celle qui serait trop basse; mais il doit, dans les deux cas, tempérer ces moyens de manière à arriver graduellement à son but. Malheureusement ce n'est pas ainsi qu'agissent le plus grand nombre des magnaniers, car la ruine de la plupart des ateliers vient souvent de l'imprudente habitude qu'ont certains éducateurs d'élever subitement la température, en fermant hermétiquement la magnanerie; ils y allument plusieurs brasières ardentes : ils agissent ainsi, disent-ils, pour donner de la force et du courage à leurs vers pendant les repas et au moment de la montée, tandis qu'au contraire ils anéantissent la force des vers, et les perdent ainsi, souvent sans retour, surtout au moment de la montée, où le ver a besoin de respirer un air extrêmement pur, sous une température légèrement élevée.

Par cette manière de procéder, l'air intérieur ne pouvant être renouvelé dans l'atelier par l'air extérieur, ni se vider extérieurement, puisque toute issue lui est interdite, l'atmosphère de la piéce se charge promptement de vapeurs pestilentielles, capables de détruire en quelques secondes l'éducation la mieux soignée, les vers les plus robustes : le mal se fera bien plus vivement sentir si les insectes séricicoles portent avec eux le germe de la muscardine, ou de toute autre maladie.

446 — Danger de la feuille trop substantielle et aqueuse.

Je ferai observer ici qu'il est très-dangereux de donner aux vers à soie, plusieurs repas de suite avec de la feuille trop substantielle ou trop aqueuse, comme la feuille greffée venant de jeunes mi-vent, ou de tout arbre nouvellement planté ou taillé, dont la végétation est extrême : en conséquence, il sera toujours utile d'intercaler, de temps à autre, des repas de feuille moins nourrissante, moins aqueuse, prise sur de vieux plein-vent, surtout au cinquième âge, époque où les vers sont arrivés au plus fort de leur appétit. Les repas de feuille moins substantielle, moins aqueuse, doivent toujours former au moins la moitié de la nourriture des vers; cette nourriture alternativement donnée leur facilite la digestion, et préserve le ver de maladies souvent mortelles, particulièrement au cinquième âge.

447 — Des fumigations.

Pour toute fumigation, je brûle dans des brasières, toutes les fois que la nécessité s'en fait sentir, une petite quantité de rubans de menuisier ou de menu bois; je fais encore brûler un peu d'encens et une petite quantité d'esprit de vin. Au moment de la mue des vers et lorsqu'elle est laborieuse, je brûle une faible pincée de storax calamite, comme je l'ai déjà dit plus haut, parce que, dans ce moment critique, la fumigation astringente du storax resserre les pores trop dilatés à cette époque de la vie du ver. Cette fumigation est alors extrêmement avantageuse; elle fait encore bien, au moment de la montée à la bruyère ; cependant à cette époque, comme à toutes les époques de la vie du ver, il faut bien se garder d'abuser de cette fumigation, soit en la faisant trop forte, soit en la renouvelant trop souvent, parce qu'elle finirait par devenir nuisible.

Les fumigations de Guyton de Morvaux, faites avec le manganèse, le sel marin et l'acide sulfurique, peuvent faire beaucoup de mal aux vers, ainsi que la dissolution de chlorure de chaux, parce que ces fumigations trop acides attaquent les parties internes du corps de l'insecte séricicole, et les détériorent : j'engage, en conséquence, les éducateurs à ne pas en faire un usage habituel. La fumigation de fleur de soufre, que j'avais d'abord conseillée parce que je n'en connaissais pas encore les inconvénients, peut avoir des suites très-fâcheuses ; le gaz sulfureux qui s'en dégage, s'unissant à l'hydrogène qui se dégage des litières, peut donner lieu à la combinaison de l'hydrogène sulfuré, le plus délétère de tous les acides, et à bien d'autres acides, moins délétères, mais également pernicieux.

Ceux qui sont chargés de l'éducation des vers à soie doivent non-seulement entretenir la plus grande propreté dans l'atelier, mais cette propreté doit encore se faire remarquer dans la tenue des personnes chargées des travaux intérieurs, et sur celles chargées de ramasser la feuille ; le personnel de l'éducation doit avoir constamment les pieds et les mains propres : les mains doivent être lavées après les repas, après l'enlèvement des litières et tout autre travail qui aurait pu les salir ; on doit porter l'attention de la propreté jusqu'à se rincer la bouche lorsqu'on a mangé des choses à odeur forte, comme de l'ail, du fromage, de l'oignon ; les vêtements ne doivent jamais avoir de mauvaises odeurs.

On doit également bien se garder de fumer, de priser, de chiquer dans un atelier ; on doit n'y brûler que de la bougie, car la moindre goutte d'huile, la moindre particule de tabac, peut faire périr beaucoup de v rs, et occasionner des maladies dangereuses à l'éducation entière ; un chien, un chat qui se salirait ou urinerait sur l'endroit où l'on déposerait la feuille, ou sur la feuille elle-même, pourrait détruire tout le succès d'une éducation : on doit donc apporter la plus grande attention à ce que ces animaux ne s'approchent pas des lieux destinés à servir d'entrepôt à la feuille ; on doit également tenir ce local dans le plus grand état de propreté, y répandre de temps en temps de la chaux pulvérisée pour l'assainir. Si les éducateurs pouvaient voir réunis tous les désastres occasionnés à l'industrie séricicole par le manquement à ces pratiques, ils y apporteraient à l'avenir plus d'attention ; on doit répandre de la chaux pulvérisée sur le sol où l'on dépose la feuille toutes les fois qu'il est mouillé.

Observations.

Avant de pousser plus loin nos observations sur les soins à donner à la bonne direction de l'éducation des vers à soie, nous devons entrer dans quelques détails sur l'état de maladie dans lequel se trouve le ver à l'époque des périodes de sa vie que l'on appelle mues.

448 — Remarques sur les mues.

Les signes certains qui annoncent l'approche de la mue sont l'état languissant dans lequel se trouve cet insecte et son manque d'appétit : alors la peau du ver devient luisante, livide ; sa tête grossit, son corps raccourcit, le ver semble prendre de l'embonpoint ; l'animal reste caché sous les litières, tenant la tête haute, élevée, dans un état d'immobilité parfaite.

Dans cet état de somnolence, le ver ne demande d'autres soins que la tranquillité jusqu'à son réveil, et le même degré de chaleur dont il jouissait avant le sommeil ; le degré de chaleur peut même sans inconvénient être très-légèrement augmenté, surtout au moment de la mue, mais jamais diminué.

Une chaleur un peu plus élevée facilite le dépouillement du ver. Une température trop basse le tient dans un état d'engourdissement, le mettant dans l'impossibilité de quitter sa robe ; d'un autre côté, une trop grande chaleur anéantit ses forces et le met également dans l'impossibilité de se dépouiller. A cette époque critique de la vie du ver, le degré de chaleur à lui fournir varie suivant les âges : au premier il est de vingt-et-un, au deuxième de vingt, au troisième de dix-neuf, au quatrième de dix-huit. L'atelier doit être tenu bien aéré et salubre.

Quand l'insecte séricicole est dans le repos, dans l'immobilité, il faut bien se garder d'interrompre son sommeil par un trop grand bruit, des ébranlements, et des fumigations intempestives ; le ver veut rester calme dans le repos, son réveil ne doit être excité par aucun moyen hors de nature. La durée du sommeil et de l'assoupissement est plus ou moins longue, suivant le degré de chaleur qui se trouve dans l'atelier et les plus ou moins bonnes dispositions du ver. Un bon ver placé dans une atmosphère convenable ne doit dormir que vingt-huit à trente heures ; cependant il faudrait bien se garder de lever les vers de dessus les litières après ce laps de temps, parce que ne s'endormant pas tous ensemble, ils ne peuvent non plus s'éveiller tous en même temps, on ne cesse de donner à manger aux vers qui dorment que lorsqu'ils paraissent tous endormis et on ne leur donne de la feuille que lorsqu'ils sont à peu près tous éveillés.

Observations.

L'assoupissement trop prolongé, losqu'il n'a pas pour cause l'abaissement de la température, est presque toujours un signe de maladie, qu'il est très-dangereux de combattre par des moyens extrêmes, tels qu'une grande chaleur, des fumigations à odeur forte. Ces fausses pratiques n'ont d'autres résultats que de corrompre les litières, que d'épaissir l'atmosphère de la magnanerie, de la rendre plus impropre à la respiration du ver, par conséquent d'augmenter le mal.

Dans le cas de sommeil trop prolongé chez les vers, on doit se contenter de bien aérer les ateliers, d'en tempérer autant que possible la chaleur, en l'élevant au degré que nous venons d'indiquer pour la mue de chaque âge, de faire des feux clairs aux cheminées pour agiter l'air et sécher les litières, que l'on pourra sécher aussi en plaçant de distance en distance quelques morceaux de chaux vive sur les claies. Pour exciter le courage des vers, on fera une légère fumigation, soit en brûlant une petite quantité d'alcool ou esprit de vin, ou une petite pincée de storax calamite, ou bien encore une pincée d'encens. Si les vers s'éveillent bien portants et quittent facilement leur robe, on retranchera la fumigation de storax, dont les qualités astringentes deviennent inutiles dans ce cas, et peuvent être même nuisibles.

Après ces observations et données générales, absolument nécessaises pour bien conduire les vers dans tout le cours de leur éducation, je dois m'arrêter quelques instants sur les époques qui marquent périodiquement la vie de l'insecte séricicole : ces périodes n'ont point de règles fixes par rapport au temps; elles sont plus ou moins prolongées, suivant que l'insecte est placé dans une atmosphère plus ou moins convenable, que le degré de chaleur de cette atmosphère est plus ou moins élevé, que les vers reçoivent plus ou moins de repas dans les vingt-quatre heures la nuit et le jour, et que leur état de santé est plus ou moins bon.

449 — Durée de l'éducation.

L'éducation des vers à soie peut s'effectuer en vingt-quatre ou vingt-cinq jours, elle peut se prolonger jusqu'à quarante; mais comme en général tous les extrêmes ne valent rien, le terme moyen le plus convenable à une bonne réussite est de vingt-neuf à trente jours.

Il est possible que dans les parties septentrionales de la zone séricicole et plus au nord encore, on ait obtenu des succès en terminant l'éducation en vingt-cinq jours, c'est-à-dire depuis la naissance jusqu'au moment de la montée; mais les contrées méridionales doivent bien se garder de suivre cette méthode hâtive, car il serait bien possible que sur dix fois elles ne réussissent peut-être pas une seule.

Le Français se jette ordinairement à corps perdu partout où il croit voir du merveilleux, et surtout moins de travail; ce n'est pas qu'il soit naturellement paresseux, mais c'est chez lui un défaut qui tient au caractère national, à notre vivacité naturelle, qui ne nous sert utilement qu'à la guerre, parce que là le général et les chefs réfléchissent pour les combattants, ce qui ne peut pas être dans les travaux de la vie ordinaire, où chacun doit réfléchir pour soi.

450 — Inconvénients d'une température trop élevée.

Si l'on considère avec quelle facilité toutes les matières végétales et animales se corrompent sous une température élevée naturellement chargée d'humidité et de gaz délétères, on concevra facilement combien il est difficile, avec une température de vingt-cinq à vingt-huit degrés, nécessaires pour terminer en vingt-quatre et vingt-cinq jours l'éducation des vers, de maintenir l'atelier dans un état de salubrité parfaite. Cette salubrité de l'air est d'autant plus difficile à obtenir dans l'atelier, que pour y élever la chaleur de vingt-cinq à vingt-huit degrés, on est obligé d'en boucher hermétiquement toutes les issues et ouvertures. Or, les miasmes pestilentiels qui se dégagent des litières ne pouvant plus s'échapper à l'extérieur, l'air extérieur ne pouvant plus entrer dans la magnanerie, la chaleur extrême y facilite la combinaison de nouveaux gaz méphitiques; l'atelier se trouve, dans ce cas, plein d'une atmosphère insalubre, essentiellement impropre à la respiration des vers, conséquemment à leur bonne réussite.

On concevra également que ces inconvénients se font bien plus vivement sentir dans les contrées méridionales que dans celles du Nord, parce que les grandes chaleurs qui règnent dans le Midi ne permettent pas, à l'aide de l'air extérieur, de modifier à volonté celui de l'atelier; dans le Nord, au contraire, l'air frais extérieur arrivant dans l'atelier par toutes les ouvertures, par les plus grandes comme les plus petites, vient en modifier avantageusement la température. Cependant, là comme dans le Midi, les éducations trop pressées sont des erreurs, des anomalies pratiques.

Quant aux éducations trop prolongées, elles sont les plus pitoyables de toutes; rarement il en sortira quelque chose de productif. Dans l'intérêt des éducateurs, je dois leur conseiller d'en bannir entièrement l'usage, s'ils veulent trouver dans l'éducation des vers à soie leurs déboursés et le fruit de leurs peines. Presque toujours la vie trop prolongée du ver annonce une maladie grave.

Dans l'éducation des vers à soie, comme partout ailleurs, les extrêmes ne valent rien; il faut se tenir dans ce juste milieu qui convient si bien à toute chose.

451 — Terme moyen des différentes périodes de la vie du ver.

Après les explications préliminaires, nous allons indiquer un terme moyen pour marquer les différentes périodes de la vie du ver, indiquer le temps de chaque période convenant le mieux à une bonne et fructueuse éducation :

De la naissance à l'accomplissement de la première mue. . . . . 6 jours.

De l'accomplissement de la première mue à l'accomplissement de la deuxième. . . 5

De l'accomplissement de la deuxième mue à l'accomplissement de la troisième. . .	6 jours.
De l'accomplissement de la troisième mue à l'accomplissement de la quatrième. . .	6
De l'accomplissement de la quatrième mue à la montée	7
Total.	30 jours.

Les vers monteront le trente-unième jour.

452 — Observations générales.

L'éducation se terminera en trente jours ou à quelque chose près, toutes les fois que l'atelier sera tenu pendant le cours de cette éducation au degré de chaleur que nous avons indiqué plus haut pour les différents âges, et que l'on se conformera au nombre de repas que nous avons prescrit pour chaque âge; mais pour peu qu'on s'écarte de ces prescriptions, soit en augmentant, soit en diminuant la chaleur et les vivres, il en résultera une éducation plus ou moins hâtive. Dans tous les âges, les repas devront être plus ou moins copieux, suivant l'appétit et la grosseur des vers. La quantité de feuille à donner pour les repas doit être calculée de manière à ce qu'elle soit toute mangée lorsque l'heure du repas suivant sera arrivée.

Pendant le cours de tous les âges, les vers doivent être tenus très-espacés sur les claies ou tables. Arrivés à leur entier développement, les vers venant de trente-et-un grammes de graine doivent occuper dix tables ou claies de deux mètres soixante centimètres de longueur sur un mètre cinquante centimètres de largeur. Les trente-et-un grammes doivent donc occuper, lorsque les vers sont arrivés à leur entier développement, de trente-neuf à quarante mètres carrés de surface; lorsque toutefois les vers ont assez prospéré pour en attendre au moins cinquante kilogrammes de cocons.

Dans les ateliers bien tenus, les litières doivent être enlevées tous les deux jours ou tous les trois jours au moins, depuis le commencement du troisième âge jusqu'au moment de la montée. On ne devra même attendre trois jours pour cette opération que lorsqu'on aura employé la chaux et le charbon pulvérisé en assez grande quantité sur les tables ou claies, avant d'y déposer les vers. Les litières ne doivent jamais séjourner, comme nous l'avons dit plus haut, même une minute dans les magnaneries, où la propreté ne doit jamais rien laisser à désirer.

453 — De la désinfection des ateliers.

Avant de placer les vers dans les grands et petits ateliers, je les désinfecte au moyen du gaz acide sulfureux. Je me procure le gaz acide sulfureux en faisant brûler dans quatre brasières ardentes, placées aux quatre extrémités de la pièce, autant que possible fermée hermétiquement, de cinq ou dix kilogrammes de fleur de soufre, suivant la grandeur du local. Le gaz sulfureux a l'avantage de pénétrer dans les fentes, crevasses, interstices les plus imperceptibles, en un mot partout où le germe de la muscardine peut aller se loger; avantage inappréciable qu'il est impossible d'obtenir par les moyens chimiques en usage, tels que les lessives de sulfate de cuivre, de fer, de soude et de potasse, qui désinfectent bien la partie qu'elles touchent, mais qui ne peuvent arriver dans les parties cachées.

Observations.

S'il est vrai, comme je le crois, que le virus muscardinique ou le germe de la muscardine soit une plante de l'espèce des cryptogames (un champignon) ou du moins un être vivant quelconque, nul doute que le gaz sulfureux le détruise entièrement.

Le gaz sulfureux déplace l'air vital des ateliers ou locaux dans lesquels on le renferme et le remplace. Or, chacun sait que partout où il y a absence d'air vital, tout ce qui a vie cesse d'exister ; les plantes, les animaux les plus robustes ne sauraient vivre dans cette atmosphère nullement respirable et privée du principe de la vie. Il n'est donc pas douteux qu'une plante aussi frêle que le germe de la muscardine soit détruite par une aussi rude épreuve.

Je citerai à l'appui de ce que j'avance les effets du gaz carbonique : chacun sait que lorsqu'on brûle du charbon dans une pièce hermétiquement fermée, il se dégage de ce foyer de calorique une quantité de gaz carbonique assez grande pour détruire la vie de tous les êtres qui y resteraient renfermés, quelque grandes que pussent être d'ailleurs leurs forces physiques. Les plantes ne résistent pas mieux que les hommes ; les hommes, les plantes, les animaux, en un mot tous les êtres ayant vie, cessent de vivre sous la puissance de cet agent destructeur. Eh bien, le gaz acide sulfureux agit de la même manière sur le germe de la muscardine, et sur tous les miasmes pestilentiels qui infectent assez ordinairement les ateliers.

454 — Manière de chauffer les ateliers.

Je chauffe mes magnaneries, d'après la méthode de M. Darcet, au moyen de calorifères et de gaînes conducteurs de chaleur : je considère ce moyen comme le plus convenable pour chauffer de grandes pièces fortement aérées ; toutefois, j'ai apporté quelques modifications à la méthode employée par l'éducateur distingué des bergeries : mes gaînes, au lieu de présenter un parallélogramme à quatre faces, vont s'élargissant successivement depuis l'ouverture par où entre le calorique jusqu'à l'extrémité opposée de l'atelier, de manière qu'elles présentent une pyramide quadrangulaire tronquée, ayant, au point de section, seulement vingt centimètres carrés, tandis qu'à sa base elle offre un carré de soixante centimètres de côté. J'ai opéré ce changement dans la disposition de mes gaînes, parce qu'il est physiquement démontré que le calorique, comme tous les gaz, tous les fluides possibles, glisse avec plus de facilité et plus promptement, sur les plans inclinés que sur les plans horizontaux.

Les gaînes ainsi disposées sont promptement envahies par le calorique sur toute leur étendue, et chauffent aussi plus promptement et plus également l'atmosphère de l'atelier ; de plus j'ai conservé les cheminées aux extrémités des magnaneries, et même sur autant de points que possible, car plus elles sont multipliées, plus l'atelier est salubre ; parce que les cheminées allumées de feux clairs sont d'excellents moyens de ventilation et de désinfection : aucun ne produit plus d'effets dans un atelier en activité.

455 — De la montée des vers.

Après la grande fraise, à la fin du cinquième âge, le sixième ou septième jour, le ver perd l'appétit, il diminue de grosseur, sa couleur blanc vèrdâtre est remplacée par une couleur dorée claire, vers son extrémité inférieure; le ver lève la tête, probablement pour respirer plus à l'aise dans ce moment de crise : ce sont là les signes qui indiquent que le ver ne tardera pas à avoir besoin de bruyère pour y faire son cocon.

Dès que quelques vers ont acquis la couleur dorée sur toute leur étendue, il faut alors s'empresser de déliter tous ceux de l'éducation, et de placer les bruyères successivement à mesure que le délitement s'opère. Les travaux de délitement et le placement de la bruyère doivent se faire avec promptitude, précision et le plus grand ordre. Les litières doivent disparaître de l'atelier aussitôt qu'elles sont enlevées de dessus les claies ou tables. Lorsqu'on se sert de la main pour lever les vers, il faut bien se garder de les entasser, et de les serrer dans la main ; jamais deux vers seulement ne doivent être placés l'un sur l'autre.

456 — Préparation des bruyères.

Je prépare d'avance mes bruyères en forme de claies ; pour confectionner ces claies, la bruyère est mise brin par brin, à la suite les uns des autres, se touchant, entre deux liteaux liés ensemble, et arrêtés à l'aide de fils de fer, de manière à ce que la claie terminée donne une demi-cabane, devant être placée sur la largeur des tables.

457 — Mise des bruyères.

Deux personnes placées une de chaque côté de la table, sur la largeur, déposent à l'extrémité de cette table, et sur sa largeur, l'une de ces claies ou demi-cabanes, après avoir préalablement enlevé les litières et les vers sur un peu plus de la largeur de la cabane. Contre la première demi-cabane déjà placée on déposera les vers que doit recevoir la cabane entière. Contre ces vers, et en face de la demi-cabane déjà placée, on placera une seconde demi-cabane formant le plein-cintre avec la démi-cabane déjà placée. Contre la cabane déjà faite on établira une troisième demi-cabane, devant faire plein-cintre avec une quatrième; lorsqu'on aura déposé les vers contre cette troisième. On procèdera pour toutes les cabanes comme il a été dit pour la première et la seconde, jusqu'à ce que tout le rang de tables soit encabané.

La bruyère peut également être mise pour former les cabanes jet par jet ; mais alors l'exécution de l'encabanage est beaucoup plus longue et plus difficile : elle demande un personnel beaucoup plus nombreux, et entraîne ordinairement des désordres et des pertes bien plus considérables qu'on ne le pense généralement.

458 — Observations sur les délitements.

Pour déliter, je me sers de filets ou de papiers percés, ces derniers ont presque en longueur la largeur de la table ou claie ; leur largeur est celle de l'intérieur d'une cabane. Les papiers et filets expédient singulièrement le délitement des vers, et permettent de faire cette opération sans saisir et froisser l'insecte dans la main, pratique vicieuse qui lui fait ordinairement beaucoup de mal. Par leur étroite dimension en largeur, les papiers percés ont l'avantage de pouvoir être placés dans les cabanes, couverts de vers, sans être obligé de toucher ces insectes pour les y déposer. Des filets pourraient être confectionnés pour servir au même usage.

Voici comment je procède : Après avoir établi à l'extrémité de la table une demi-cabane, je fais déposer contre, l'un de ces papiers garnis de ver, et ensuite placer une seconde demi-cabane, ce qui forme une cabane entière garnie de vers ; ce travail se fait par deux personnes, celles qui mettent la bruyère : elles saisissent chacune de leur côté le papier par ses deux angles, le tendent, le soulèvent et le placent chargé de vers contre la demi-cabane, et terminent la cabane comme nous venons de le dire. On procèdera de la même manière sur toute l'étendue du rang de table, pour confectionner toutes les cabanes. Cette manière de procéder est extrêmement expéditive, et permet de lever les vers sans les toucher et sans les entasser, dans un moment où ces insectes ont le plus grand besoin de ménagement.

Je ne saurais trop conseiller cette méthode et celle des filets aux éducateurs qui perdent une partie de leurs vers au moment de la mise des bruyères ; à ceux qui ont la mauvaise habitude d'entasser les vers sur les tables pour en sortir les litières, ce qui occasionne aux insectes séricicoles des maladies qui souvent en détruisent plus de la moitié, et quelquefois même la totalité ; à ceux enfin qui ont la mauvaise habitude d'entasser les vers dans les cabanes, afin, disent-ils, que les bruyères paraissent mieux fournies en cocons. Dans le fait, les bruyères sont un peu mieux fournies, mais elles le sont de mauvais cocons. Outre cet inconvénient, qui mériterait d'être pris en considération, l'éducateur perd encore au moins le quart de sa récolte par les maladies qu'occasionnent l'entassement et le froissement des vers, et cela au moment où il allait jouir largement du fruit de ses peines. Mais, qu'est-ce que tout cela auprès de la joie qu'il éprouve lorsqu'il peut appeler son voisin, et lui dire : « Voyez combien mes bruyères sont fournies ! » Mais ce qu'il aura bien soin de lui taire, c'est le grand nombre de vers morts qu'il a sortis de ses litières et de ses cabanes ; il se gardera bien de lui dire encore que trente-et-un grammes de graine ne lui ont fourni que vingt-cinq kilogrammes de mauvais cocons. Mentant à sa conscience, il déguisera la moitié de la graine qu'il a mise à l'étuve ; il se gardera bien de dire que ses vers, au lieu de multiplier, ont diminué sur les claies ou les tables, depuis la première mue jusqu'à la montée, proportion gardée.

Le bon éducateur ne fera point parade de ses bruyères, parce qu'elles ne présenteront rien d'extraordinaire ; mais avec la même quantité de graine il aura deux fois autant de tables, ses cocons seront deux fois meilleurs, il aura par conséquent deux fois plus de cocons, sans avoir fait beaucoup plus de frais, par cela seul qu'il aura renoncé à la routine pour lui substituer les bonnes méthodes, c'est-à-dire qu'il aura surtout espacé ses vers sur les claies.

Toutes les fois que l'éducateur apportera dans la direction de l'éducation de ses vers les soins et les attentions indiqués dans cet ouvrage, et que des cas fortuits indépendants de sa volonté ne viendront pas déranger ses prévisions, chaque insecte fera un bon cocon; il est vrai que l'éducation mangera un quart ou un tiers de feuille de plus qu'une autre éducation dirigée par les méthodes ordinaires, attendu que par celles généralement usitées, plus d'un tiers et souvent plus de la moitié des vers meurent longtemps avant d'arriver au terme fixé par la nature pour tisser leurs cocons.

459 — Observations sur l'éducation des vers à soie.

La feuille que l'on destine aux vers à soie ne doit jamais être ramassée plus d'un jour à l'avance; elle doit être placée dans un lieu frais, peu aéré et non humide; jamais dans les caves ni dans d'autres lieux également malsains. Le sol sur lequel on dépose la feuille devra être préalablement désinfecté avec de la chaux ou du charbon de bois pulvérisé. Dès que l'on s'apercevra que le sol s'est chargé de nouveau d'humidité, ce qui arrive ordinairement lorsque la feuille a été déposée plusieurs jours de suite sur le même emplacement, alors on s'empressera de le sécher, employant pour cela, comme nous venons de le dire, la chaux ou le charbon de bois pulvérisé.

Lorsque par des temps de pluie continuelle on est forcé de cueillir la feuille mouillée, si on ne peut la sécher à l'air et à l'ombre il vaudrait mieux la donner mouillée que de la faire sécher au soleil ou au feu, attendu que rien n'est plus nuisible à la santé des vers que de leur donner une nourriture ainsi préparée. Lorsque la température extérieure n'est ni trop chaude, ni trop froide, ni trop humide, que l'air est un peu agité, il y a peu d'inconvénients à donner de la feuille mouillée aux vers. Lorsque la température extérieure n'est pas froide, il faudra ouvrir les portes et fenêtres, pour que l'air sèche la feuille disposée sur les tables. Cette manière de la sécher vaut beaucoup mieux que de la faire sécher en élevant outre mesure la température de l'atelier ; car une température trop élevée, loin de sécher la feuille, la décompose, et en fait une nourriture extrêmement nuisible à la santé des vers.

Lorsque la température de l'atmosphère est très-froide, que sous l'influence de cette température la pluie force à ramasser de la feuille mouillée, mieux vaut laisser les vers quelque temps sans manger que de leur fournir une nourriture qui leur donnerait des indigestions pouvant les conduire à l'hydropisie, maladie qui réduit la récolte souvent de moitié et peut la détruire en entier. De même, sous les influences d'une trop grande chaleur, il faut s'abstenir de donner de la feuille mouillée, parce que la chaleur la décompose, et, dans cet état, elle occasionne toute espèce de maladies. Rien n'est dangereux pour le ver comme la nourriture détériorée par le fait d'une température trop élevée, parce que, dans ce cas, les litières étant soumises à une prompte décomposition, à la putréfaction, portent, à cause des gaz méphitiques qui s'en dégagent, des atteintes graves à la santé des vers. Dans tous les cas, lorsqu'on est forcé de donner de la feuille mouillée aux vers, il faut agiter l'air par tous le moyens possibles artificiels, et maintenir l'air de l'atelier à une température modérée.

460 — Des brouillards.

Tous les brouillards ne sont pas également mauvais; mais il en est qui vicient la feuille, au point que si on la ramasse avant que le soleil de la journée ait passé dessus au moins trois à quatre heures, les vers qui les mangent ont toujours à en souffrir, et souvent c'est là la cause de la perte des récoltes. Les plus mauvais brouillards sont ceux qui, extrêmement intenses, se prolongent une grande partie de la matinée, et auxquels succède un soleil chaud mais humide, sous l'influence d'un vent du midi ou d'un grand calme dans l'atmosphère: ce brouillard est ordinairement chargé d'une grande quantité de gaz hydrochlorique

En 1847, mes vers étaient arrivés à leur quatrième jour du cinquième âge; ils devaient monter trois jours plus tard, lorsque arriva un fort brouillard. Je n'avais pas de feuille ramassée; une heure après le brouillard, le temps était extrêmement beau. Je fis ramasser de la feuille, qui, après être restée une heure dans des sacs et avoir été bien battue, fut donnée aux vers. Avant cette donnée, mes vers étaient magnifiques; après l'avoir mangée, ils prirent une couleur plus foncée, qui annonçait chez eux une forte indisposition. Trois jours de pluie froide succédèrent au brouillard. Je dus suspendre les repas, dans la crainte de nuire trop à mes vers. Mais ils étaient trop avancés : force fut donc de ramasser la feuille pendant la pluie froide, et de la donner mouillée aux vers. Dès la première donnée la maladie augmenta, et la température extérieure devenant toujours plus froide, je fis cesser le repas pendant un jour ; mais la pluie continuait, il fallut encore revenir au repas de feuille mouillée. Sous l'influence de cette température froide qu'il m'était impossible d'élever artificiellement dans mes grands ateliers, la feuille mouillée produisit les plus funestes effets ; mes vers enflèrent et devinrent hydropiques. Dans le grand nombre de ceux que je fis ouvrir, je ne trouvai dans l'intérieur de leur corps que des digestions de feuilles imparfaites ; la soie semblait en avoir entièrement disparu. A la vue de ce désastre, je voulais tout abandonner, et faire enterrer les vers dont je n'attendais plus aucun produit. Je dois même avouer que si je renonçai à ce projet, ce ne fut que dans l'intérêt de la science.

Aux trois jours de pluie et aux brouillards succédèrent de beaux jours. Mes vers étaient près de la montée ; ils étaient énormes et avaient la tête encore plus énorme que le corps. Je me fis alors cette question : Quelle est la cause de la maladie? Elle est due à une indigestion. Comment combat-on les effets de cette maladie? Par la chaleur et la diète. J'élevai donc la température de mes ateliers à vingt-deux degrés de Réaumur et après avoir délité les vers, je les laissai une demi-journée sans manger, après quoi je leur donnai de légers repas, de la meilleure feuille que je trouvai dans ma propriété :

de la feuille rose, cueillie sur des mûriers plein-vent. Après ces soins d'hygiène, mes vers reprirent leur forme et leur couleur ordinaires. Les vers montèrent et firent de bons cocons; mais les plus faibles périrent. Cependant j'eus encore trente kilogrammes de cocons pour trente-et-un grammes de graine.

Observations.

Avant de donner les repas aux vers, il faut préalablement bien battre la feuille, la déposer quelques instants, lorsque la chose est possible, dans un local moins frais que celui où elle est habituellement placée : la feuille peut être ramassée depuis le lever jusqu'au coucher du soleil. Les rosées fortes n'ont d'autre inconvénient que de mouiller la feuille; aussi, dans cet état, dans un cas pressant, peut-elle être donnée aux vers sans leur nuire. Cependant, il sera toujours mieux d'attendre que la rosée soit évaporée, pour ramasser la feuille, d'attendre que l'air et le soleil l'aient séchée sur l'arbre; mais dans le cas où le temps serait brumeux toute la journée, que les repas se feraient trop attendre, si l'on n'a pas eu soin de ramasser la feuille à l'avance la veille pour parer aux éventualités du lendemain, on pourra donner de la feuille mouillée par la rosée et le léger brouillard de la journée; seulement, dans ce cas, il faudra toujours donner de très-faibles repas. Pour parer à tous les inconvénients qui peuvent résulter des repas donnés avec de la feuille mouillée d'une manière quelconque, il sera bien d'avoir toujours à l'avance au moins deux données de feuille.

On doit s'abstenir de cueillir la feuille lorsqu'avec le soleil chaud il tombe ou il vient de tomber quelques rares gouttes d'eau chaude ; ces gouttes sont ordinairement mucilagineuses ou acides : la feuille qui en est tachée, donnée aux vers avant que le mucilage soit évaporé, avant que l'acide ait corrodé la partie tachée, peut leur faire beaucoup de mal ; mais dès que le mucilage a disparu, que la partie sur laquelle est tombée la goutte acide est décomposée, on peut donner la feuille sans avoir à redouter de grands inconvénients ; je dis de grands inconvénients, parce que la feuille tachée n'est jamais aussi bonne que si elle était restée dans son état naturel : d'ailleurs, c'est là un inconvénient auquel il est difficile de parer. J'ai remarqué, depuis que je m'occupe de l'éducation des vers à soie, que toutes les fois que ces gouttes acides et mucilagineuses se renouvelaient plusieurs fois pendant l'éducation, ainsi que les brouillards épais et fétides, les années étaient généralement peu abondantes en cocons, parce qu'il est fort difficile, en pareil cas, que les éducateurs prennent toutes les précautions, tous les soins nécessaires pour parer à tous les inconvénients qui peuvent résulter de cet état anormal des choses : il est même impossible qu'ils parent à tout.

Les pluies ordinaires ne nuisent nullement à la bonté de la feuille, pouvu qu'il ne fasse ni trop chaud ni trop froid, comme nous l'avons déjà fait observer ; elles nuisent si peu, que lorsque l'atmosphère est agitée, sans être humide, ont peut donner de la feuille mouillée aux vers sans inconvénients.

La cueillette de la feuille pendant la pluie présente le grave inconvénient de nuire singulièrement à la santé de l'arbre sur lequel on la cueille : il ne faut donc ramasser la feuille mouillée, et la donner dans cet état aux vers, que lorsqu'on ne peut faire autrement, et lorsque la nécessité l'exige impérieusement ; il est bien des cas où il vaudrait mieux laisser les vers sans manger que de ramasser la feuille mouillée : la judicieuse habileté de l'éducateur peut seule décider de ces cas, en se basant, toutefois, sur nos observations.

Lorsqu'on va ramasser la feuille au loin et que l'on est obligé de la placer dans de grands sacs, il faut avoir soin de ne pas trop la presser, de ne pas trop entasser les sacs dans les voitures, et surtout de ne pas s'asseoir dessus, comme le font ordinairement les facturiers des villes, au retour de la cueillette.

La feuille froissée et échauffée se décompose promptement, et dans cet état ne peut plus fournir aux vers qu'une nourriture malsaine, propre à occasionner les maladies les plus dangereuses, et particulièrement celle de la muscardine, lorsque les vers en portent le germe.

461 — QUESTIONS ADRESSÉES A L'AUTEUR.

Bien que dans le cours du chapitre qui traite des vers à soie, et que j'ai déjà fait imprimer et distribuer, je sois entré dans beaucoup de détails, depuis que je l'ai livré au public il m'a été adressé quelques questions auxquelles je crois de mon devoir de répondre,

La première question a été : Comment doit être chauffé le lieu de l'incubation de la graine ?

La deuxième : Quel est le degré de chaleur à donner dans l'atelier, lorsque les vers dorment ?

La troisième : Est-il mieux de faire entrer l'air dans l'atelier rez-le-sol venant de l'extérieur, que de le faire entrer par tout autre point des murailles latérales, ou bien en perçant le sol, faisant venir l'air des celliers ou caves ?

La quatrième : Est-il absolument nécessaire de chauffer les magnaneries avec des calorifères ?

La cinquième : Quelle est la forme la plus convenable à donner à une magnanerie?

La sixième : Les tables en planches valent elles mieux que les claies ?

Réponse à la première question.

Le local servant à l'incubation et à l'éclosion de la graine peut être chauffé au moyen de calorifères, de cheminées, de poêles, de brasières même, pourvu que les foyers de calorique ne soient pas trop ardents, et que les rayons de chaleur venant des foyers ne frappent pas directement sur la graine, que les foyers ne soient ni trop rapprochés ni placés sous le cadre sur lequel repose la graine, comme le font malheureusement trop souvent certains éducateurs, et ceux qui se chargent de la faire éclore pour le public : rien n'est plus contraire à la santé des vers, et à la production en cocons, que ces manières peu convenables de procéder. Il faut encore bien se garder de brûler dans les brasières du charbon de bois non éteint préalablement sous une cheminée ou hors de l'atelier; et dans cet état même, le charbon peut être très-nuisible : le charbon de bois est le combustible le plus dangereux pour la santé du ver, à cause de la grande quantité d'acide carbonique qu'il dégage pendant sa combustion. Ses effets sont si désastreux dans les ateliers et lieux d'incubation, que les magnaniers feront bien de renoncer à ce combustible.

Réponses à la deuxième question.

Que les vers dorment ou qu'ils veillent, le degré de chaleur dans l'atelier doit être toujours à peu près le même : s'il doit y avoir une bien légère augmentation de calorique, c'est au moment où le ver quitte sa robe; mais il faudrait bien se garder dans ce cas de trop élever la température; car, si un trop grand froid le tient dans un état d'engourdissement qui ne lui permet pas de se dépouiller, une trop grande chaleur anéantirait ses forces et le mettrait dans l'impossibilité de satisfaire à ce besoin naturel. Dans ce moment critique de sa vie, l'insecte séricicole demande un air pur et une chaleur modérée, quelques fumigations, fougasses ou astringentes, faites avec de l'alcool, ou du storax calamite.

Réponse à la troisième question.

Comme nous l'avons déjà dit, le meilleur moyen de renouveler l'air de l'atelier et de le rendre salubre est de le faire venir de l'extérieur par des ouvertures pratiquées dans le mur rez-le-sol, faisant sortir l'air vicié par la partie la plus élevée du plafond, par des ouvertures ou soupapes pratiquées comme nous l'avons déjà indiqué, le plafond devant toujours présenter un ou deux plans inclinés, parce que l'air, comme tous les fluides et gaz, glisse avec plus de facilité sur les plans inclinés que sur des plans horizontaux.

L'air atmosphérique est un fluide qui se vide difficilement par une petite ouverture; il reste pour ainsi dire stagnant partout où il ne rencontre pas une pente qui l'entraîne. Dans un atelier recouvert d'un plafond horizontal, sur lequel sont pratiquées çà et là quelques rares ouvertures, il ne sort par ses issues que la partie de l'air vicié ou à peu près qui se trouve placée au-dessous d'elles : le surplus reste dans la magnanerie; et comme ordinairement les plafonds horizontaux sont recouverts par une autre pièce ou tout au moins par une mansarde, il arrive que l'air vicié qui sort de la magnanerie par les ouvertures du plafond va se loger dans la pièce supérieure, qui est bientôt envahie par les gaz méphitiques, au point qu'il n'est plus possible à l'air vicié de l'atelier de s'échapper même en petite quantité par les ouvertures pratiquées dans le plafond. D'un autre côté, l'atelier n'ayant pas d'ouvertures pratiquées dans les murailles latérales rez-le-sol, mais seulement des ouvertures pratiquées sur le sol lui-même par où se vident les gaz oxygénés allant se loger dans la pièce basse, cette pièce, comme la pièce supérieure, est bientôt envahie par les différents gaz plus lourds que l'air atmosphérique, par les gaz oxygénés. La magnanerie ainsi placée entre deux atmosphères pestilentielles ne tarde pas à être envahie à son tour par les miasmes malfaisants qui se dégagent des litières et de la transpiration des insectes; ces gaz, ne trouvant pas d'issue pour sortir, restent dans l'atelier, où l'air se trouve vicié au dernier point : alors il ne reste plus d'autre moyen pour sauver une partie des produits de l'éducation que de sortir bien vite les vers de ce lieu infect, dût-on les déposer au milieu des champs, ce qui au reste ne leur fait aucun mal lorsque le temps est beau; et lors même qu'il pleuvrait, il vaudrait encore mieux exposer les vers à la mouillure saine, que de les laisser dans une atmosphère impure où ils périraient tous infailliblement. Il est facile de reconnaître que l'air d'une magnanerie est entièrement vicié, à l'odeur désagréable, fétide et nauséabonde qui fatigue la respiration des personnes chargées du service.

Les choses se passent bien autrement lorsque les gaz peuvent se vider et s'échapper à l'extérieur, les plus lourds, les gaz oxygénés, par les ouvertures pratiquées dans le mur rez-le-sol; les plus légers, les gaz hydrogénés, par les soupapes pratiquées sur la partie la plus élevée du plafond. Comme on le voit, à l'aide de mon système de ventilation, dont le mécanisme est extrêmement simple avec un peu d'attention, il sera toujours facile de tenir l'atelier, sinon dans un état parfait de salubrité, tout au moins dans un état bien meilleur. Avec mon système de ventilation, l'éducateur n'aura plus à redouter l'agglomération permanente des miasmes dangereux dans l'enceinte de son atelier, où les vers vivront à l'aise, en santé et donneront un bon produit; mais pour arriver à ce résultat, il ne faut négliger aucun des moyens ventilatoires et hygiéniques indiqués dans cet ouvrage, il faut les augmenter même s'il s'offre quelque nouveau procédé plus efficace; car c'est toujours par les vices de l'air, le manque de soins, que souffrent les produits dans l'intérieur des ateliers.

Toutes les fois que l'atmosphère est un peu agitée, l'air arrivant par les fenêtres est nuisible à la santé du ver; la forte colonne d'air qui le frappe directement par les ouvertures des fenêtres arrête sa transpiration et le dispose à une infinité de maladies : le développement de la muscardine est souvent du à cette cause. L'air, au contraire, qui arrive de l'extérieur par les petites ouvertures placées rez-le-sol, venant de bas en haut, n'a jamais l'inconvénient de frapper directement la surface supérieure des claies ou tables sur lesquelles reposent les précieux insectes : il envahit donc l'atelier sans jamais fatiguer les vers. Cependant il sera toujours avantageux, lorsque l'atmosphère est calme, la chaleur grande, de laisser les fenêtres ouvertes.

J'observerai ici que par les ouvertures du haut ou soupapes il n'entre jamais une grande quantité d'air dans les ateliers, à moins que l'air de l'atmosphère ne soit extrêmement agité : dans ce cas, il faut les tenir fermées; mais dans les moments de vent ordinaire elles peuvent rester ouvertes : l'air qui entre par les ouvertures du bas de l'atelier sort par celles du haut, attendu que l'air, comme tous les gaz possibles, tend toujours plutôt à s'élever qu'à s'abaisser, surtout lorsqu'une cause quelconque, la chaleur, tend à le dilater. Il résulte de ces dispositions de l'air, qu'entrant froid ou du moins frais et dense par les ouvertures rez-le-sol dans la magnanerie, il envahit l'atelier, où il se dilate par l'effet de la chaleur intérieure : alors, son volume augmentant, devenant plus léger par la dilatation, il est forcé de s'échapper par les soupapes supérieures, pour faire place à l'air plus frais, plus dense entrant constamment dans l'atelier par les ouvertures pratiquées rez-le-sol. Il résulte de ce mouvement ascensionnel une ventilation continuelle, qui rend l'atmosphère de l'atelier aussi salubre que possible; car, quoi que l'on fasse, on n'arrivera jamais à donner aux vers dans les ateliers un air respirable aussi pur que celui de l'atmosphère extérieure.

Réponse à la quatrième question.

Il sera toujours bien de chauffer les magnaneries avec des calorifères; mais comme tout le monde ne peut pas se procureur ce moyen de chauffage, les ateliers peuvent très-bien être chauffés par des cheminées, des poêles, des brasières même; mais on doit plutôt allumer des feux clairs dans les cheminées que des feux de braise trop ardents. On ne doit non plus jamais chauffer les poêles au rouge, ne jamais brûler dans les brasières du charbon de bois non éteint, parce que les foyers de calorique trop ardents absorbent trop promptement l'oxygène de la pièce, et le manque d'oxygène vicie l'air au point que les vers ne peuvent plus y respirer à l'aise: encore, comme nous l'avons déjà dit, le charbon de bois brûlé noir ou pas assez brûlé dans les brasières dégage une grande quantité de gaz acide carbonique; ce gaz envahit la magnanerie, qui est alors tellement insalubre, que si la dose est trop forte il serait possible que tous les vers y périssent, et même toutes les personnes chargées du service de l'éducation; sur les fourneaux des poêles et calorifères il faut toujours tenir des vases pleins d'eau. Cette légère vapeur maintient l'oxygène dans l'atelier.

Réponse à la cinquième question.

La forme la plus convenable, la meilleure à donner aux pièces destinées à recevoir les vers, est celle d'un rectangle allongé de vingt mètres de longueur sur sept mètres cinquante centimètres de largeur, dans œuvre ou intérieurement, le local devant recevoir deux rangs de tables ou claies d'un mètre soixante centimètres de largeur sur la largeur de la pièce, attendu que l'on ne doit jamais placer trois rangs de tables dans la même pièce, parce que cet arrangement peut avoir de grands inconvénients.

Les vers placés sur le rang du centre y reçoivent toujours un air plus ou moins vicié par son passage sur les litières des tables ou claies placées à droite ou à gauche; d'un autre côté, l'air et la lumière y arrivant avec plus de difficultés que dans les autres parties de la pièce, il y a fausse position : là, le ver, mal aéré, mal éclairé, ne peut vivre en santé; il est bientôt attaqué de maladies qui se propagent bien vite dans tout l'atelier.

Les grandes faces des magnaneries regarderont toujours, autant que possible, l'une le nord, et l'autre le midi; la face nord sera ornée d'un assez grand nombre de fenêtres spacieuses servant à éclairer l'atelier, attendu que le jour, la lumière est un des premiers besoins de tous les êtres. La face midi ne recevra au contraire que des ouvertures de vingt à trente centimètres carrés placées à hauteur d'appui, et répétées dans le haut de la façade, tout-à-fait sous la passe du toit. Ces ouvertures ont pour but d'éclairer la pièce sur la face midi, et de donner de l'air dans certaines circonstances sans donner du soleil.

Si la lumière est un élément nécessaire à la santé du ver, le soleil le fatigue beaucoup. Les grandes ouvertures du nord donneront beaucoup de jours et peu de soleil ; les petites ouvertures du midi donneront du jour, de l'air, sans donner beaucoup de soleil ; d'ailleurs leurs petites dimensions permettront de s'en garantir facilement.

Le soleil levant est agréable au ver et lui fait même beaucoup de bien, celui du couchant, au contraire lui est très-pernicieux. Il sera donc bien de placer quelques fenêtres au levant et de laisser le couchant sans ouvertures ; il serait encore bien que toutes les fenêtres fussent garnies de persiennes.

Dans les magnaneries construites à neuf, et dans celles à réparer, les ouvertures rez-le-sol devront être placées à un mètre de distance les unes des autres. Ce sera également à la même distance que devront être placées, sur la partie la plus élevée du plafond, les soupapes ou ouvertures supérieures.

Les magnaneries seront toujours, autant que possible, placées au premier étage ou étages plus élevés ; mais lorsqu'il ne sera pas possible de les placer à l'étage supérieur, il faudra élever le sol à quarante ou cinquante centimètres au-dessus de celui de la terre. Cette observance est absolument de rigueur pour que l'acide carbonique, qui abonde ordinairement dans les ateliers, puisse se vider à l'extérieur par les ouvertures pratiquées rez-le-sol, et que, d'un autre côté, les miasmes qui reposent ordinairement sur le sol des basses-cours ne puissent entrer par ces mêmes ouvertures dans l'intérieur de la magnanerie.

Ceux qui préfèreraient au système de ventilation que j'indique dans cet ouvrage celui établi aux bergeries par les soins des honorables MM. Darcet et Camille Beauvais, parce qu'ils auraient à tirer parti, pour faire un atelier propre à recevoir des vers à soie, d'une pièce se trouvant entre d'autres pièces, devront modifier ce système ainsi qu'il suit pour le rendre plus propre aux exigences des contrées méridionales : retrancher d'abord l'impuissant tarare, ainsi que l'air venant des caves et puits, parce que cet air est toujours plus ou moins vicié; le remplacer par l'air atmosphérique pris rez-le-sol, comme dans mon système; enlever en entier la partie du plafond qui se trouve sous les gaînes supérieures destinées à recevoir l'air vicié de la pièce; donner à ces gaînes une pente d'un mètre et demi vers le toit, et au point de la muraille où ira aboutir la partie la plus élevée de la gaîne, pratiquer une ouverture de la largeur de cette gaîne, ayant au moins vingt-cinq centimètres de hauteur. Cette ouverture communiquera avec l'atmosphère extérieure. On multipliera, autant que possible, les cheminées dans l'atelier, et on donnera aux faces des gaînes conductrices du calorique des calorifères l'inclinaison que j'ai indiquée plus haut. Ce système ainsi modifié deviendra vraiment salubre, et pourra être employé même dans les contrées les plus méridionales de l'Europe, parce que l'air vicié pourra, au moyen de la pente des gaînes et des ouvertures rez-le-sol, se vider facilement à l'extérieur.

Enfin, s'il arrivait que l'on voulût utiliser pour l'éducation des vers, avec mon système de ventilation, deux pièces placées l'une sur l'autre, sans que les vers eussent à en souffrir, il faudrait, pour conduire à l'extérieur l'air vicié qui se trouve dans la pièce de dessous, construire au centre, et sous la partie la plus élevée du plafond, qui devra toujours dans ce cas, présenter deux pentes inclinées allant se joindre vers le centre de la pièce, des cheminées en brique et plâtre, traversant perpendiculairement le centre de la pièce supérieure, se dirigeant vers le toit pour aller communiquer à l'extérieur au-dessus de ce toit. L'air vicié de la pièce inférieure, s'échappant par ces cheminées, se vide à l'extérieur sans communiquer avec l'atmosphère de la pièce supérieure, et par conséquent sans nuire aux vers qui y seraient placés, si toutefois le plafond et les cheminées n'ont aucune ouverture par où l'air puisse s'introduire.

Quant aux autres dispositions nécessaires au double atelier, elles doivent être les mêmes pour les deux pièces que celles que j'ai indiquées dans mon système de ventilation. J'observerai seulement que, dans le cas d'ateliers superposés, la largeur des magnaneries, au lieu d'être de sept mètres et demi, comme nous l'avons dit plus haut, devra présenter une dimension en largeur de neuf mètres, pour que les cheminées placées au centre de la pièce supérieure ne gênent pas le service.

Réponse à la sixième question.

Les claies valent mieux que les tables en planches, parce que, par les nombreuses ouvertures que présentent les claies, les litières placées dessus y sont plus accessibles à l'air et se sèchent plus facilement. Cependant, à défaut de claies, on peut très-bien se servir de tables en planches, que l'on aura toutefois soin de couvrir d'une assez forte couche de chaux ou de charbon de bois pulvérisé, avant de placer les vers dessus, Dans les temps d'humidité, la chaux garantit les planches et les litières de l'humidité, en temps sec, le charbon purifie les unes et les autres, en s'emparant des gaz méphitiques qu'elles contiennent. Le charbon de bois, comme désinfectant, est aussi avantageux qu'il est dangereux employé comme combustible.

DES MALADIES DES VERS EN GÉNÉRAL

ET DE LA MUSCARDINE OU DRAGÉE EN PARTICULIER.

462 — Observations générales.

La muscardine ou dragée est une maladie incurable lorsqu'une fois le ver en est atteint; mais il est facile de la prévenir par les moyens d'hygiène que nous avons indiqués dans le cours du chapitre qui traite de l'éducation des vers à soie, et que nous repétons encore ici sommairement pour en rendre la pratique plus facile.

Dans son organisation physique, le ver à soie est pourvu d'un grand nombre d'organes respiratoires et sécrétoires. C'est par l'action naturelle et non interrompue de ces organes que cet insecte se maintient dans l'état de santé et de vie. Dès que chez le ver ces organes fonctionnent mal, toutes les fonctions naturelles cessent; alors toute l'économie animale de l'insecte est en souffrance : l'animal ne tarde pas à tomber dangereusement malade, le mal fait des progrès rapides, et le ver meurt.

Le ver à soie, animal à sang froid, ne peut digérer qu'en absorbant une grande quantité d'air vital suffisamment oxygéné; de là naît pour lui la nécessité absolue de vivre dans un air pur. D'un autre côté, le ver à soie ne se nourrissant que d'aliments aqueux, et n'ayant pas, comme les autres animaux, une voie particulière pour rendre la surabondance liquide qui résulte de son geure de nourriture, il est forcé, pour obéir aux lois de la nature, de rendre par les voies des sécrétions ce que les autres animaux rendent par les voies urinaires. Il est donc de la plus grande nécessité et de la plus haute importance de maintenir le ver par les soins hygiéniques les plus convenables dans un état permanent de santé, parce que ce n'est que dans cet état qu'il peut jouir de toutes les facultés qui lui permettent de donner d'abondants produits.

Dès que quelques-unes des facultés extérieures du ver sont en souffrance, les rouages du mécanisme intérieur cessent de fonctionner; alors la digestion ne se fait plus, il y a désorganisation complète dans toutes les parties du corps de l'insecte séricicole, et si l'éducateur ne porte promptement remède au mal, il peut être assuré que le ver ne fera pas de cocon, ou qu'il ne fera qu'un mauvais cocon.

Le ver naît encore dans la condition forcée d'être dans un état continuel de transpiration : les pores de la peau sont donc pour lui les organes les plus essentiels, puisqu'ils remplacent chez lui la voie urinaire, et celle de la plupart des sécrétions. Ainsi, toutes les indispositions, les dérangements qui attaquent la surface poreuse de son corps, doivent-ils nécessairement déranger ses fonctions animales, et par conséquent le conduire à des maladies, particulièrement à celle de la dragée ou muscardine. En effet, lorsque l'insecte séricicole est attaqué de ce terrible fléau, c'est sur la peau que l'on remarque les premières atteintes du mal : elle devient pâle, livide; elle se dilate, les pores s'obstruent : le corps ne faisant plus ses fonctions ordinaires, l'animal perd l'appétit, il enfle de boursouflure, s'allonge et semble prendre l'embonpoint des goutteux. C'est d'abord sur la peau qu'apparaissent tous ces symptômes d'altération. Ce n'est que lorsque les pores sont obstrués, que les organes respiratoires ne fonctionnent plus, que la désorganisation intérieure complète a lieu.

Si telle est chez le ver l'importance des organes extérieurs, tout ce qui tend à altérer l'état normal de la peau doit être soigneusement évité, puisque là résident les organes les plus essentiels à la vie du ver à soie. Dès que ses facultés cessent entièrement, l'animal s'amollit, fane et meurt; pendant les derniers instants de sa vie, sa peau prend, dans certains cas, une teinte jaunâtre, et rougeâtre dans certains autres, ce qui annonce la désorganisation complète de tout son être.

Après la mort du ver, la teinte rouge du cadavre augmente jusqu'au moment où il arrive à l'efflorescence, qui apparaît plus ou moins tôt; c'est alors que la momie dragée ou muscardine est contagieuse; jusque-là, le ver malade et même mort n'est nullement contagieux, même par le contact le plus intime.

L'expérience m'a prouvé que le virus ne peut se communiquer que par l'efflorescence. Ce virus est quelquefois tellement éphémère, qu'un rien peut le détruire ; quelquefois, au contraire, il a tant d'intensité et de force, que des contrées entières peuvent être infectées par un seul foyer d'infection, ce qui explique très-bien pourquoi certaines personnes soutiennent que la maladie de la dragée est contagieuse, tandis que d'autres soutiennent le contraire. Cela explique encore comment il arrive que dans les ateliers, et même dans des contrées entières, le fléau après avoir sévi de la manière la plus rigoureuse disparaît subitement, pour paraître plus tard plus désastreux que jamais.

Mais ici, hâtons-nous de le dire, ce qui doit rassurer les éducateurs, c'est que, quelque grande que soit la force du virus de la muscardine, ses effets peuvent toujours être combattus victorieusement par les soins d'hygiène et les préservatifs que nous avons prescrits dans le cours de ce chapitre, et dont nous allons encore nous occuper succinctement, ne fût-ce que pour mémoire.

On prévient la maladie de la muscardine, comme toutes les autres maladies, en évitant les transitions subites du chaud au froid, et réciproquement, en aérant convenablement les ateliers, et les garantissant des mauvais miasmes ou miasmes délétères, en évitant l'entassement des vers, en s'abstenant de donner de la feuille qui serait avariée, en maintenant la plus grande propreté dans l'atelier, et une chaleur calculée suivant les âges.

La mauvaise direction de la ponte des œufs, la graine mal tenue, une fausse incubation, une mauvaise éclosion, sont encore des causes de maladies ; ces fausses pratiques peuvent occasionner, outre la muscardine, la pourriture, la jaunisse, l'étisie, l'hydropisie : cette dernière maladie est ordinairement occasionnée, comme nous l'avons déjà dit, par une nourriture trop aqueuse, par de la feuille mouillée et froide, donnée par un temps froid et humide.

Les agents préservatifs de ces différentes maladies, et particulièrement de la muscardine, sont : un air pur, ou une atmosphère pure dans l'atelier, le soufre, la chaux, le charbon de bois, l'alcool, le storax calamite en fumigations, et la fumée employée comme il a été dit dans le cours du chapitre traitant de l'éducation des vers à soie.

Un procédé que j'ai quelquefois employé avec succès, chez mes voisins et mes fermiers, est celui indiqué par le docteur Bassy : la dissolution de potasse (500 grammes de potasse dans 6 litres d'eau), pour mouiller la feuille à donner aux vers, lorsque la muscardine commence à paraître dans les ateliers ; je dis : lorsque la muscardine commence à paraître, parce que le procédé du docteur Bassy peut bien arrêter les ravages du fléau chez les vers qui ne porte encore que le germe de la muscardine, mais ne guérira jamais un ver complètement atteint du mal.

De tous les agents préservatifs, le soufre est le plus efficace pour préserver le ver de la maladie de la muscardine ; il agit sur lui, comme il agit sur l'homme et sur les autres animaux pour la guérison des maladies cutanées ; et de même que quelques hommes résistent aux remèdes employés pour le traitement des maladies de la peau, il est aussi quelques vers qui résistent au traitement par le soufre ; mais le nombre en est toujours si petit dans un atelier ainsi traité, que cette perte ne pourra jamais nuire aux produits en cocons ; ces légères exceptions qui laissent toujours voir, même dans les éducations les mieux dirigées, quelques muscardins, deux, trois, quatre, plus ou moins, ne doit nullement fatiguer l'éducateur, pourvu toutefois que ce petit nombre de vers infectés n'apparaisse que dans les derniers âges, car dans les premiers âges il pourrait faire craindre la contagion ; c'est dans ce cas, surtout, qu'il faut employer avec persévérance les préservatifs, dont le soufre est le plus énergique et le plus efficace ; dans ce dernier cas on peut encore employer avec quelque succès le procédé du docteur Bassy.

Dans une Notice présentée par l'honorable M. L.-J. Robert, doyen de l'académie de Marseille, médecin du Lazaret, à l'académie de cette ville, l'auteur prétend avec raison que les éducations les plus précoces sont les moins sujettes à la muscardine et à toutes les autres maladies : je suis sur ce point parfaitement de son avis ; mais je crois que le moyen qu'emploie cet éducateur distingué pour devancer les éducations ordinaires, consistant à nourrir le ver, dès les premiers jours de sa vie, avec des bourgeons de feuille de mûrier hachés, ne peut être employé que pour l'éducation de quelques vers élevés pour satisfaire la curiosité de l'observateur, qui ne craint pas, avec une aussi petite quantité de vers, de manger sa feuille en herbe ; mais pour l'homme qui spécule, quelque faible que soit son éducation, le procédé indiqué par l'honorable M. Robert est impraticable. Mais ici, si les moyens sont erronés, le fait est très-vrai ; car sur dix éducations précoces, huit au moins réussiront ;

sur dix tardives, au contraire, à peine deux arriveront à très-bonne fin.

En 1847, je n'ai perdu la moitié de ma récolte que pour n'avoir pas été fidèle à mes habitudes de précocité; si mes vers eussent monté seulement quatre jours plus tôt à la bruyère, ils n'auraient pas eu à subir les fâcheuses influences d'un mauvais brouillard, ni trois jours consécutifs de pluie froide et d'un temps humide.

En pareille circonstance, lorsqu'il est impossible de faire sécher la feuille à l'ombre loin d'un foyer calorique, de lui faire perdre son froid glacial, mieux vaudrait laisser les vers plusieurs jours sans manger que de leur donner de la feuille malsaine, surtout lorsqu'il fait froid; attendu qu'avec le froid, le ver engourdi peut se passer de manger pendant quelque temps.

163 — INSTRUMENTS DE PHYSIQUE NÉCESSAIRES A L'ÉDUCATION DES VERS À SOIE.

Parmi les objets nécessaires à l'ameublement d'un atelier on doit toujours faire figurer plusieurs thermomètres, un hygromètre et un baromètre.

Le thermomètre est un instrument de physique qui sert à marquer le degré de chaleur de la température générale ou d'une atmosphère particulière; lorsque le mercure monte dans le tube qui est placé sur une échelle graduée, il indique que la chaleur augmente; lorsque le mercure descend, au contaire, il indique que la chaleur diminue.

Le baromètre est un instrument de physique qui sert à marquer le beau temps et la pluie; il se fait avec du mercure dans un tube placé sur un échelle graduée : lorsque le mercure monte dans le tube, il annonce la cessation de la pluie ; lorsqu'il descend, au contraire, il annonce l'arrivée prochaine de la pluie. Toutes les fois que le mercure monte lentement, c'est un signe de beau temps prolongé ; lorsqu'il monte vite, le beau temps est de courte durée : de même lorsque le mercure descend lentement, la pluie sera abondante et d'une longue durée ; lorsqu'il descend vite, la pluie sera peu de chose et ne durera que peu de temps.

L'hygromètre, comme le thermomètre et le baromètre, est un instrument de physique servant à indiquer le degré d'humidité de l'atmosphère, mais seulement le degré d'humidité de l'atmosphère générale et non celu d'une atmosphère particulière ; dans une atmosphère particulière, on ne parvient à faire marcher l'aiguille qu'en mettant de l'eau sur le cheveu qui la fait mouvoir : ainsi l'éducateur ne pourra jamais connaître précisement le degré d'humidité ou de sécheresse qui règne dans dans l'atelier, mais il connaîtra très-bien celui de l'atmosphère, et ce sera par comparaison qu'il pourra juger de celui de l'atelier : car, lorsqu'il saura que l'atmosphère générale est très-sèche, il ne doutera pas de la nécessité de répandre de l'humidité dans l'atelier ; de même lorsqu'il saura que l'humidité est grande dans l'atmosphère générale, il saura qu'il faut employer tous les moyens à sa disposition pour faire disparaître l'humidité de son atelier.

Pour reconnaître le degré assuré d'humidité de l'intérieur d'un atelier, le sel de cuisine est le meilleur de tous les hygromètres, car si l'humidité est grande dans l'atelier, elle se précipitera sur le sel, qu'elle humectera et dissoudra en partie ; mais lorsque le sel ne sera point atteint par l'humidité et qu'il restera très-sec, l'éducateur pourra être convaincu que la sécheresse est extrême dans son atelier. Dans l'un comme dans l'autre cas, il devra remédier aux deux inconvénients en procédant comme nous l'avons indiqué, soit pour faire disparaître la trop grande humidité de l'atelier, soit pour y tempérer la trop grande sécheresse.

A l'aide de ces méthodes, de ces procédés, de ces données aussi simples que faciles à concevoir et à mettre à exécution, puisqu'ils n'exigent de la part de l'éducateur qu'un peu d'attention, de sollicitude et de soins d'hygiène raisonnés, j'obtiens depuis vingt années consécutives de cinquante-cinq à soixante kilogrammes de cocons par trente-et-un grammes de graine ; employant terme moyen huit cents kilogrammes de feuille par trente-et-un grammes de graine, élevant dans le même local de neuf cents à mille grammes de graine. Il est vrai qu'en 1847 je n'ai pas été aussi heureux ; mais j'ai dit plus haut quelles ont été les causes de ma demi-réussite : on sait qu'elles sont entièrement indépendantes du savoir et de la volonté humaine, comme cela arrive quelquefois.

Je ne suis pas le seul qui, en suivant les mêmes principes, la même méthode, ait obtenu le même résultat ; toutes les personnes qui ont suivi exactement ma méthode et mes procédés, tant pour la ventilation que pour les soins d'hygiène, ont été aussi heureuses que moi. Je citerai pour exemple l'excellente Mme Izeoir, du Bourg-du-Péage (Drôme), qui élevait des vers depuis plus de vingt ans sans avoir jamais pu retrouver ses frais d'éducation dans ses produits en cocons, et qui depuis six ans qu'elle suit ma méthode, sans s'en écarter en aucun point, n'a jamais eu chaque année moins de soixante-cinq kilogrammes de cocons pour trente-et-un grammes de graine ; elle est allée jusqu'à quatre-vingts kilogrammes, élevant quatre-vingt-treize grammes de graine dans le même local : elle a fait beaucoup mieux que moi, parce qu'elle-même et ses enfants étaient seuls chargés de l'éducation, pendant que j'étais, moi, obligé de m'en rapporter aux étrangers pour les détails du service, dont je ne pouvais conserver que la direction, elevant mille grammes dans le même local, étant d'ailleurs obligé de surveiller le service extérieur comme le service intérieur.

Si de tels résultats sont de nature à tenter les éducateurs, je leur répète pour la seconde fois que je ne puis leur assurer de brillantes réussites que dans le cas où ils se conformeraient en tous points à ce que je prescris dans cet ouvrage pour la direction d'une bonne éducation des vers à soie. Les garanties que j'offre à ceux qui voudront marcher sur mes traces sont vingt-cinq années consécutives, faisant chaque année une éducation de vers dont les premières ont servi à des expériences plus ou moins heureuses, et tellement coûteuses qu'elles m'avaient mis à la gêne ; heureusement que le résultat de mes expériences m'a donné vingt années de réussite complète, qui m'ont rendu le bien-être que je souhaite à tous les éducateurs.

446 — Observations sur le baromètre.

La hauteur moyenne de la colonne barométrique est de soixante-quinze centimètres au niveau de la mer. A mesure que l'on s'élève sur les montagnes, la pression de l'air devenant moindre, la colonne descend d'un millimètre par chaque dix mètres d'élévation. (*Le baromètre est l'instrument dont on se sert pour mesurer l'élévation des montagnes au-dessus du niveau de la mer*).

OBSERVATIONS IMPORTANTES.

Une partie importante de l'art d'élever les vers à soie, pour ceux qui en font beaucoup, est de savoir diriger les chambrées, leur nombre et le personnel nécessaire pour le service de chaque chambrée ; cela est utile pour que l'éducation générale s'exécute convenablement et régulièrement, et se fasse avec autant de facilité que possible. Lorsque tout est bien ordonné dans la division, dans le service des chambrées, il n'est pas plus difficile d'élever dix mille grammes de graine de vers à soie que d'en élever trois cent dix, qui est la force que doit avoir une grande chambrée, et même que d'élever une chambrée d'une force bien moindre : il ne s'agit donc que de fixer le nombre de grammes de graine de vers à soie à élever dans chaque chambrée, de fixer l'étendue que doit occuper cette quantité de vers au moment de la plus grande fraise, de fixer également le personnel nécessaire au service de l'éducation.

Trois cent dix grammes de graine sera la quantité que nous placerons dans chaque chambrée d'une exploitation ayant mille deux cent quarante grammes de vers à soie à élever. L'éducation générale de l'exploitation sera donc composée de quatre chambrées. Nous donnerons à chaque chambrée vingt-cinq mètres de longueur sur sept mètres cinquante centimètres de largeur. Chacun de ces ateliers devra recevoir deux rangs de tables ou claies dont le nombre total s'élèvera à cent douze, chaque table ou claie devant avoir quatre mètres cinq centimètres carrés de surface, ce qui donnera une surface totale de quatre cent cinquante-trois mètres soixante centimètres carrés, surface qui doit être occupée en entier par les vers de la chambrée au moment de la plus grande fraise, si l'éducation a prospéré.

Il sera joint à cet atelier une pièce de trente à trente-six mètres carrés pour déposer la feuille avant de la donner aux vers. Cette pièce servira également pour loger les vers jusqu'après la deuxième mue, époque à laquelle on les place dans les grands ateliers. Cette pièce sera au même niveau que les grands ateliers et recevra l'escalier pour y arriver. Le dessous ou le rez-de-chaussée de ces pièces sera divisé en deux parties, dont l'une sera tablée pour recevoir la feuille, l'autre recevra les bruyères et ustensiles nécessaires à l'éducation; celle qui doit recevoir la feuille sera la plus spacieuse.

On construira à la suite les uns des autres, sans qu'ils se communiquent, autant d'ateliers ou de chambrées que l'on aura de trois cent dix grammes de graine à élever. Le personnel de ces ateliers se composera : 1° d'un directeur ou d'une directrice et de quatre aides. Ces cinq personnes pourront conduire les vers et en faire tout le service jusqu'au moment de la troisième mue; il faudra augmenter successivement le personnel jusqu'à ce qu'il soit arrivé au nombre de quinze personnes, nécessaires jusqu'après la montée des vers.

Toutes les chambrées de l'exploitation devront être dirigées par un directeur-général; cet employé supérieur indiquera à chaque chambrée ou atelier particulier le lieu où il devra ramasser la feuille et veillera a ce qu'elle le soit convenablement dans l'intérêt des arbres, et pour qu'elle se conserve saine. Il veillera à ce que les bons principes d'éducation soient rigoureusement observés.

RAPPORT

FAIT PAR M. ANTELME

A LA SOCIÉTÉ D'AGRICULTURE DE LA DRÔME AVEC OBSERVATIONS SUR LES RÉSULTATS DE CINQ GRAMMES DE GRAINE DE VERS A SOIE VENUS DE LA CHINE.

MESSIEURS,

Depuis que j'élève des vers à soie, je n'ai jamais douté un seul instant que lorsque la graine de ces précieux insectes était mal faite ou mal tenue pendant le cours de l'année, la non réussite en cocons était à peu près assurée, lors même que l'éducation aurait été bien soignée d'ailleurs ; mais jamais ma conviction n'avait été aussi bien établie que cette année, après l'épreuve faite par moi-même sur une petite quantité de graine de vers à soie venue de la Chine.

Cette graine se trouvait viciée soit par le fait de sa mauvaise confection, soit parce que dans sa traversée pour venir de la Chine en France, on avait été obligé de la tenir à fond de cale, probablement dans de la glace, pour l'empêcher d'éclore en passant sous la zone brûlante de l'Equateur, peut-être aussi avait-elle été hermétiquement renfermée dans une boîte. Toujours est-il qu'elle était de la plus mauvaise qualité.

L'odeur nauséabonde de moisissure qu'exhalait cette graine, était un indice certain qu'elle était viciée au dernier point. Aussi était-il facile de prévoir que quelque grands que fussent les soins donnés aux vers en provenant; il était impossible d'arriver à un résultat avantageux : du moins telle était ma conviction, lorsque j'ai entrepris l'épreuve; non dans l'espoir de réussir, mais dans le but unique de la rendre utile aux éducateurs par les observations que je serais à même de faire pendant le cours de l'éducation, et pour leur bien démontrer que toutes les fois que la graine manque de soin dans sa confection, ou qu'elle a été mal tenue pendant le cours de l'année, rarement on obtient une réussite passable, et le plus souvent, les espérances de l'éducateur sont entièrement déçues.

Ce sont là des remarques positives qu'il est de la plus grande importance de bien constater pour prévenir de grandes déceptions dans les résultats des produits séricicoles.

Il est encore bien de constater qu'avec la graine provenant de chrysalides de cocons qui portent le germe d'une maladie, il est rare, quelque grands que soient les soins que donne l'éducateur à son éducation, qu'il arrive à un beau résultat; cependant avec de grands soins, il est possible de faire que la maladie ne se déclare que lorsque le ver a filé sa soie; dans ce cas, les cocons sont fournis en soie, et donnent une assez bonne récolte; mais les chrysalides malades communiquent à la graine le mal originel; et les vers qui en naissent ont beaucoup à souffrir de ce mal: il faudrait donc en pareil cas, s'abstenir de se servir de ces cocons pour la propagation de l'espèce, mais le plus souvent cela devient impossible, parce que ces maladies sont générales, quelquefois même elles durent pendant plusieurs années, s'affaiblissant chaque année pour disparaître enfin; d'autres fois la maladie sévit avec force pendant une année ou deux et disparaît subitement; alors ceux même qui donnent peu de soins aux vers à soie obtiennent une belle réussite, qu'ils doivent aux circonstances favorables et non à leur bien faire; c'est là ce qui laisse croire à la presque généralité des éducateurs que les soins sont inutiles pour obtenir des cocons; nous sommes arrivés, disent-ils, à de très-bons résultats sans nous donner beaucoup de peine, tandis que bien d'autres fois avec des soins et beaucoup de peine nous ne sommes arrivés qu'à des déceptions; ce sont malheureusement ces fausses idées et les vicieux procédés qui éloignent les améliorations et perpétuent les mauvais produits.

Il est effrayant de penser, que sur *mille* grammes de graine employée dans l'éducation générale des vers à soie, neuf cents au moins pêchent par la mauvaise confection ou par la mauvaise tenue des œufs pendant le cours de l'année et par les maladies originelles; il n'est pas moins effrayant de penser qu'il faudra peut-être des siècles pour parer à ces graves inconvénients, encore peut-être n'y arrivera-t-on jamais; cependant pour remédier au mal, il ne s'agirait que de bien faire la graine, que de la tenir dans un lieu convenable pendant l'année et que de s'abstenir de faire de la graine avec des cocons qui portent le germe d'une maladie originelle quelconque.

Dans le cas où il y aurait impossibilité de changer les cocons il faudrait rejeter tous les papillons qui porteraient les marques apparentes du mal ; avec ces attentions préalables on serait toujours assuré d'une récolte au moins passable, lorsquelle est mauvaise et souvent nulle avec le manque des soins généraux.

Mais revenons au principal objet du Rapport : j'ai fait éclore les cinq grammes de graine venue de la Chine de la même manière, dans le même lieu d'incubation, en même temps, au même degré de chaleur, par conséquent dans les mêmes conditions que les six cent vingt grammes ou vingt onces de graine formant mon éducation annuelle, qui cette année a bien réussi comme à l'ordinaire.

Les deux tiers des œufs de vers à soie venus de la Chine ont fourni des vers qui dès leur naissance et pendant le cours de tous les âges, particulièrement aux époques des mues, ont donné une grande quantité de vers boursouflés appelés *gras* ; cette maladie désastreuse a réduit le nombre des vers au point que les cinq grammes de graine n'ont fourni que 106 mauvais cocons d'un blanc sale tirant sur le vert, et tellement laids, que je suis forcé de dire, que messieurs les Chinois nous ont fait un triste cadeau, qu'il nous eût été bien facile de trouver mieux, sans aller chercher si loin ; les cocons blancs qui nous viennent de l'Italie et de la Grèce, sont bien supérieurs en beauté à ceux que j'ai obtenus.

Enfin les 106 cocons n'ont fourni que trente papillons femelles dont plusieurs portaient les signes les plus caractéristiques d'une maladie originelle ; ceux-ci n'ont pas donné de graine, parce que je les ai rejetés, et ceux qui paraissaient d'une plus forte constitution ont pondu si peu d'œufs, qu'à peine je pourrai disposer d'un gramme de graine pour l'épreuve de l'année prochaine.

Cependant les soins donnés à l'éducation des vers provenant de la graine venue de la Chine n'ont manqué en aucun point, ils ont été au contraire l'objet de la plus grande attention et de la plus entière sollicitude; je puis dire même que ces quelques vers de la Chine ont reçu des soins bien plus assidus que ceux donnés à ma grande éducation, qui a fourni beaucoup de cocons, qui à la vérité, n'ont pas pesé autant qu'à l'ordinaire, ce que j'attribue à la mauvaise qualité de la nourriture qui leur a été donnée dans leur jeunesse, et au retard apporté dans l'éducation pour attendre la venue de la feuille après la gelée.

Je dois dire ici à l'avantage des vers de la Chine qu'ils n'ont nullement été atteints de la maladie de la muscardine, cela vient-il de ce qu'ils n'en portaient pas le germe, ou de ce qu'une maladie plus intense a empêché la dragée de se développer, c'est là ce que je ne pourrais expliquer; mais je dois conclure de toutes ces observations et de l'épreuve faite sur de la graine de vers à soie venue de la Chine, que l'on ne saurait apporter trop de soins sur la manière de faire la graine, de la conserver dans le cours de l'année et dans le choix des cocons destinés à la propagation de l'espèce, que l'on ne peut également apporter trop de soins à toutes les pratiques qui constituent la bonne éducation des vers; mais dira-t-on tout cela n'est pas facile, cela est vrai, cependant ce n'est pas impossible car il ne faut que bien vouloir pour arriver à bonne fin.

Malheureusement il s'écoulera encore bien des années avant que tous les éducateurs soient assurés, je ne dirai pas d'une récolte parfaite, mais seulement bonne et même passable ; nous n'arriverons méme à des résultats avantageux que lorsque tous les éducateurs pourront à l'aide de quelques données chimiques, se rendre compte de l'état atmosphérique des ateliers dans lesquels ils élèvent les vers à soie, c'est-à-dire lorsqu'ils seront à même de comprendre et de prévenir les inconvénients qui peuvent résulter des émanations des gaz méphitiques et délétères qui se dégagent des litières, et qui vicient l'air des ateliers; encore, lorsqu'ils seront à même de régler la température des chambrées, de connaître les moyens de chauffage, leurs dangers et les soins les plus convenables à donner aux vers à soie; mais aussi long-temps que les éducateurs manqueront à ce savoir faire préalable, les produits resteront livrés aux chances les plus incertaines et les réussites seront rares.

Mais dira-t on encore, la chimie n'est pas à la portée de la plupart de nos éducateurs; oui, s'il s'agissait de leur faire faire un cours complet de chimie; mais les quelques données chimiques que nous domandons, tenant à des éléments peu nombreux et à des combinaisons faciles, peuvent très-bien être mises à la portée de toutes les intelligences en les enseignant dans les écoles publiques; ce que je dis sur ce point dans mon Traité d'Agriculture est plus que suffisant pour généraliser ces idées, plus difficiles à faire apprécier qu'à mettre à la portée de toutes les intelligences.

Il est vrai que ce sont là des applications nouvelles qui ne prévaudront qu'à l'aide du concours des hommes instruits et dévoués au bien public, car ce n'est qu'en parlant aux yeux que nous parviendrons à convaincre les éducateurs et les cultivateurs; attendu que l'agriculture générale a besoin comme l'industrie séricicole de certaines données chimiques pour prospérer; il est donc bien fâcheux que des hommes distingués par le savoir théorique, mais tout à fait neufs en pratique, combattent par des arguments vides de sens et de vérité, les premiers germes d'idées qui doivent avoir pour résultats le bien-être des masses et la prospérité du pays.

AUTRE ÉPREUVE.

MESSIEURS,

La dernière fois que mon honorable collègue, monsieur d'Arbalestier et moi, nous sommes rendus à Pergaud, pour examiner les élèves de la Ferme-Ecole, nous agitâmes cette question, à savoir si les papillons qui se désaccouplent naturellement après avoir satisfait aux besoins de la nature donneraient une meilleure graine que ceux désaccouplés après six heures de temps; nous étions l'un et l'autre de l'avis que l'action la plus naturelle devait être la meilleure, nous nous quittâmes donc, nous promettant de faire des épreuves comparatives, et bien que celles que j'ai été à même de faire depuis, ne me permettent pas de dire quelle est la meilleure des deux graines, je puis cependant et je crois devoir faire part aux éducateurs des remarques importantes que j'ai été à même de faire pendant le cours de l'épreuve dont je vais faire l'historique.

J'ai abandonné cette année trente couples de papillons de vers à soie à l'action naturelle de l'accouplement et de l'accomplissement; les désaccouplements naturels se sont faits d'une manière très-irrégulière par rapport au temps que les papillons ont resté accouplés; il en est dont le contact intime a duré moins de six heures, et d'autres qui ont resté accouplés pendant plus de 48 heures; de sorte que j'ai été à même de remarquer que plus les papillons étaient restés accouplés de temps, moins les papillons femelles avaient donné de graine, que ceux dont l'accouplement avait duré 24 heures, ont pondu la moitié moins d'œufs que ceux qui n'étaient restés que 5, 6 ou 7 heures, que ceux dont l'accouplement a duré de 24, 30 à 36 heures n'avaient presque pas fourni de graine, enfin que ceux qui étaient resté accouplés de 40 à 48 heures étaient morts, harrassés de fatigue, sans donner de la graine; d'où j'ai conclu que mon expérience n'était pas la première de ce genre; qu'elle avait déjà été faite depuis peut-être des siècles par nos devanciers, lesquels avaient reconnu que 6 à 7 heures d'accouplement était le temps le plus convenable pour l'accomplissement propre à donner de la bonne et abondante graine.

Cette expérience m'a fait naître une idée que vous approuverez peut-être, Messieurs, j'ai pensé que l'accouplement prolongé était un des moyens dont s'était servi la divine Providence pour nous débarrasser de ces myriades de chenilles qui dévoreraient tous nos produits, si chaque papillon femelle pondait tous les œufs que son état normal lui permettrait de pondre; ce n'est là au reste qu'une première épreuve isolée, dont les résultats peuvent être dûs à des circonstances particulières; j'engage donc les éducateurs à poursuivre ces expériences comme je le ferai moi-même, pour tâcher de résoudre cette importante question, et découvrir enfin des vérités qu'il importe si fort de connaître dans l'intérêt de l'industrie séricicole.

TABLE.

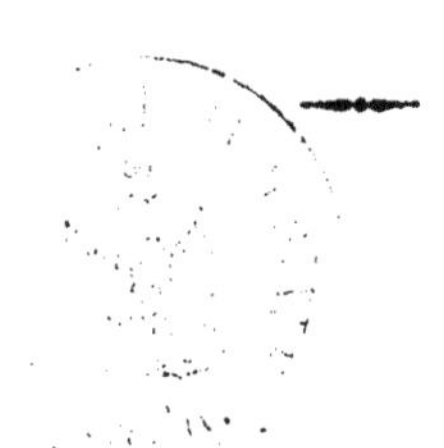

DU MURIER ET DE SA CULTURE.

DE L'ÉDUCATION DES VERS A SOIE.

DE LA MALADIE DES VERS EN GÉNÉRAL ET DE LA MUSCARDINE EN PARTICULIER.

www.ingramcontent.com/pod-product-compliance
Ingram Content Group UK Ltd.
Pitfield, Milton Keynes, MK11 3LW, UK
UKHW020912180726
13838UKWH00002B/509

9 782329 402208